爱尔兰蕾丝钩织

花样 128

（日）志村富美子　著
冯　莹　译

河南科学技术出版社
·郑州·

前　言

爱尔兰蕾丝，是用钩针钩织的立体蕾丝花样，

在 19 世纪中叶的爱尔兰极为盛行，

以其细腻、雅致、高贵、奢华的花样，

深受社会名流、贵妇们的喜爱。

钩织中通过加入芯线、将花瓣重叠等技巧，

制作出一款款栩栩如生的花朵与叶片。

再将花与叶巧妙地连接组合在一起，

便可创作出古典风十足、颇具浮雕效果的衣领、服饰等。

本书中的 128 款作品，

完全是古典花样的时尚再现，

花样的照片均与实物大小相同，

钩织技法非常简单，

照着本书中的花样和方法，

一款款唯美的爱尔兰蕾丝将在您的指尖诞生。

目　录

花样钩织

钩织方法/1、2、4、5见第6页　6、8见第7页　3见第98页　7、9见第97页

1 菊花的叶子　第 4 页

材料

钩织线　DARUMA 黄金系列蕾丝线 40 号

芯线　DARUMA 比马棉蕾丝线 20 号

（2 米，对折使用）

工具

12 号蕾丝针

钩织要点

将钩织线缠绕在芯线上开始钩织。

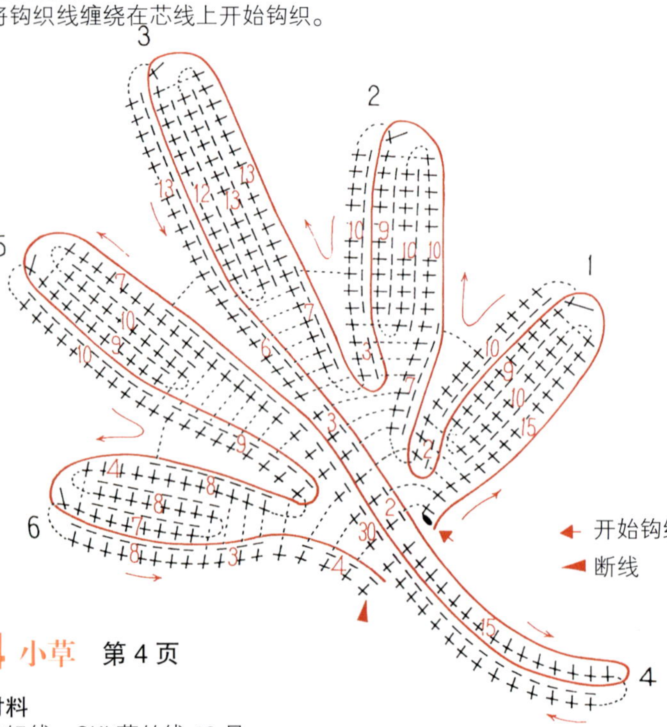

开始钩织

断线

4 小草　第 4 页

材料

钩织线　SKI 蕾丝线 40 号

芯线　SKI 蕾丝线 20 号

（1 米，对折使用）

工具

12 号蕾丝针

钩织要点

在 9 号棒针上缠绕钩织线 20 圈，做成环状开始钩织，随后加入芯线进行钩织。

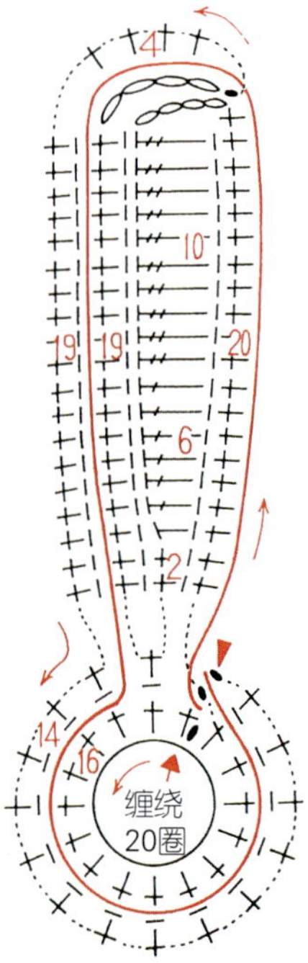

开始钩织

断线

2 小树芽　第 4 页

材料

钩织线　DARUMA 黄金系列蕾丝线 40 号

芯线　DARUMA 比马棉蕾丝线 20 号

（1 米，对折使用）

工具

12 号蕾丝针

钩织要点

在 9 号棒针上缠绕钩织线 20 圈，做成环状开始钩织，随后加入芯线进行钩织。

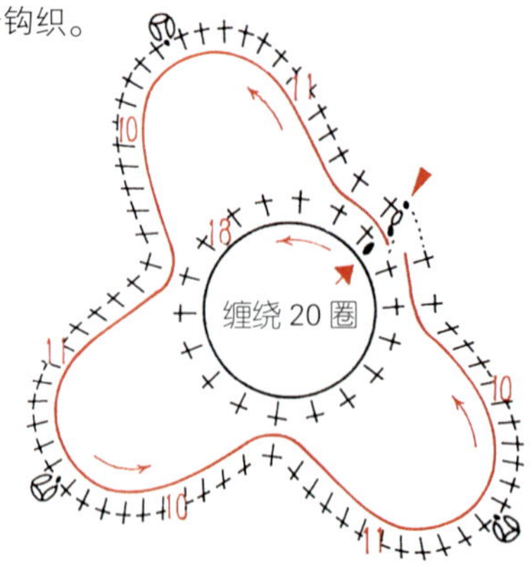

开始钩织

断线

5 菊花的叶子　第 4 页

材料

钩织线　OLYMPUS 金票蕾丝线 40 号

芯线　OLYMPUS 金票蕾丝线 18 号

（1.5 米，对折使用）

工具

12 号蕾丝针

钩织要点

将钩织线缠绕在芯线上开始钩织。

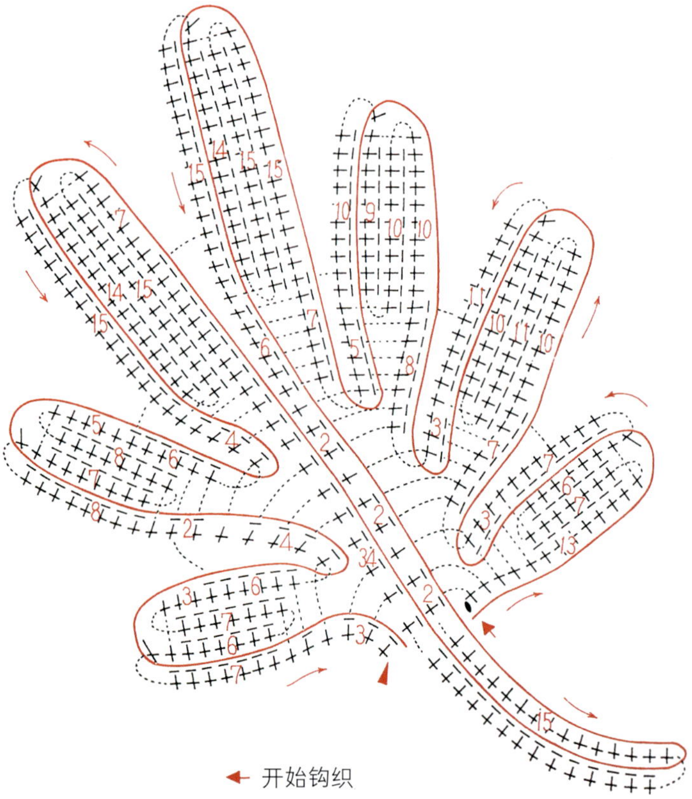

开始钩织

断线

6 叶子　第 5 页

材料
钩织线　DMC Cordonnet Special 蕾丝线 40 号
芯线　DMC Cordonnet Special 蕾丝线 10 号
（1 米，折四折使用）
工具
12 号蕾丝针
钩织要点
将钩织线缠绕在芯线上开始钩织。

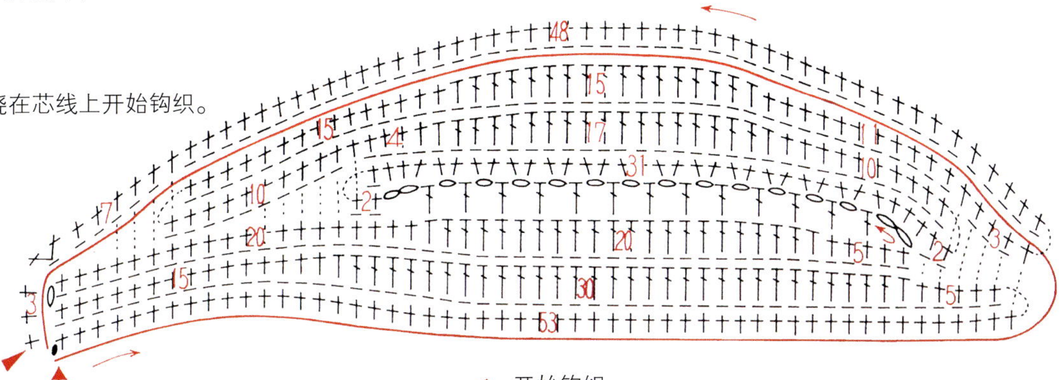

开始钩织
断线

8 郁金香　第 5 页

材料
钩织线　DMC Cordonnet Special 蕾丝线 40 号
芯线　DMC Cordonnet Special 蕾丝线 10 号
（4 米，折四折使用）
工具
12 号蕾丝针
钩织要点
在 9 号棒针上缠绕钩织线 20 圈，
做成环状开始钩织，随后加入芯线进行钩织。

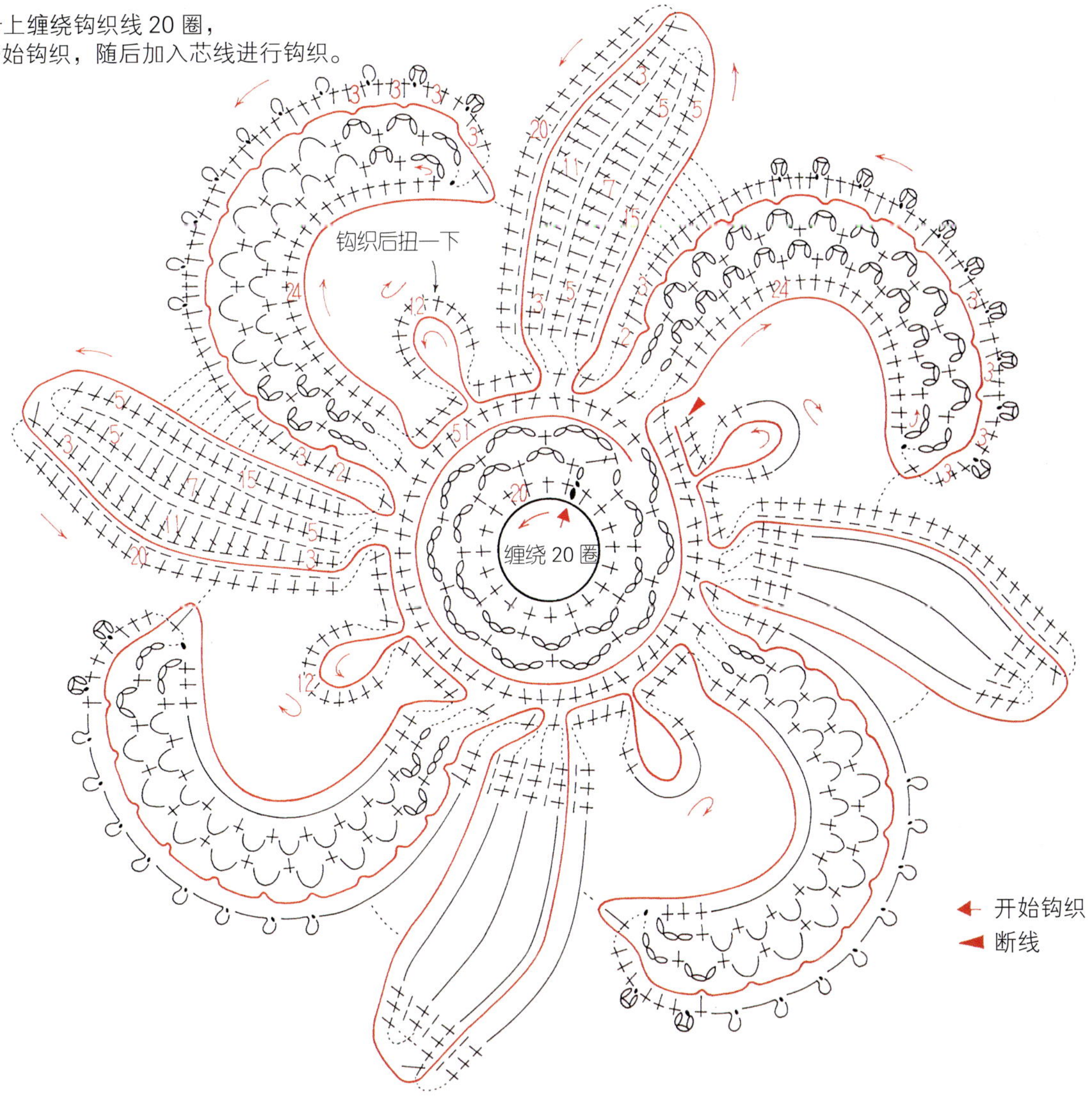

开始钩织
断线

10

11

12

13

钩织方法/11、13、14见第10页　12、15、16见第11页　10见第98页　17见第99页

14
15
16
17

13 花蕾　第 8 页

材料
钩织线　DARUMA 黄金系列蕾丝线 40 号
芯线　DARUMA 比马棉蕾丝线 20 号
（1 米，对折使用）
工具
12 号蕾丝针
钩织要点
在铅笔粗细的棒状物上缠绕钩织线 20 圈，做成环状开始钩织，随后加入芯线进行钩织。

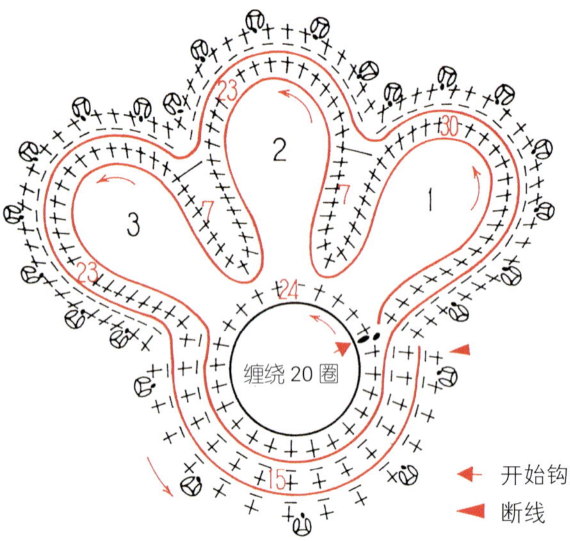

开始钩织
断线

11 野玫瑰　第 8 页

材料
钩织线　SKI 蕾丝线 40 号
芯线　SKI 蕾丝线 20 号
（1.5 米，对折使用）
工具
12 号蕾丝针
钩织要点
将钩织线缠绕在芯线上开始钩织。

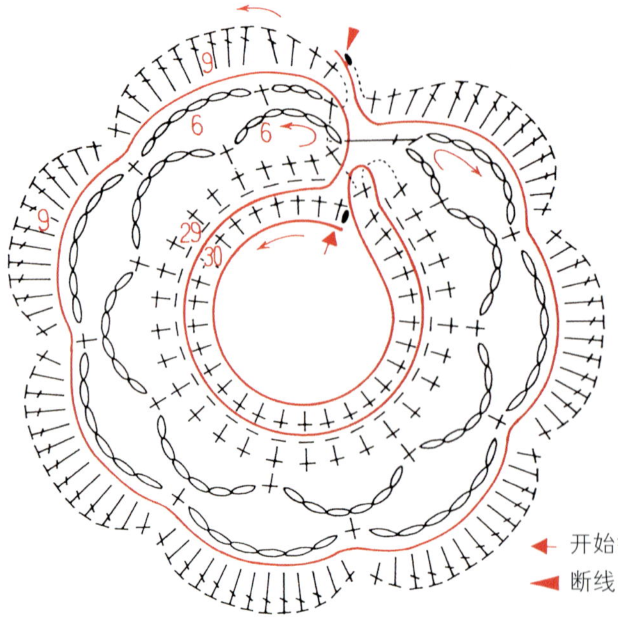

开始钩织
断线

14 蓟　第 9 页

材料
钩织线　OLYMPUS 金票蕾丝线 40 号
芯线　OLYMPUS 金票蕾丝线 18 号
（1.5 米，对折使用）
工具
12 号蕾丝针
钩织要点
将钩织线绕在手指上成为环状开始钩织，随后加入芯线进行钩织。

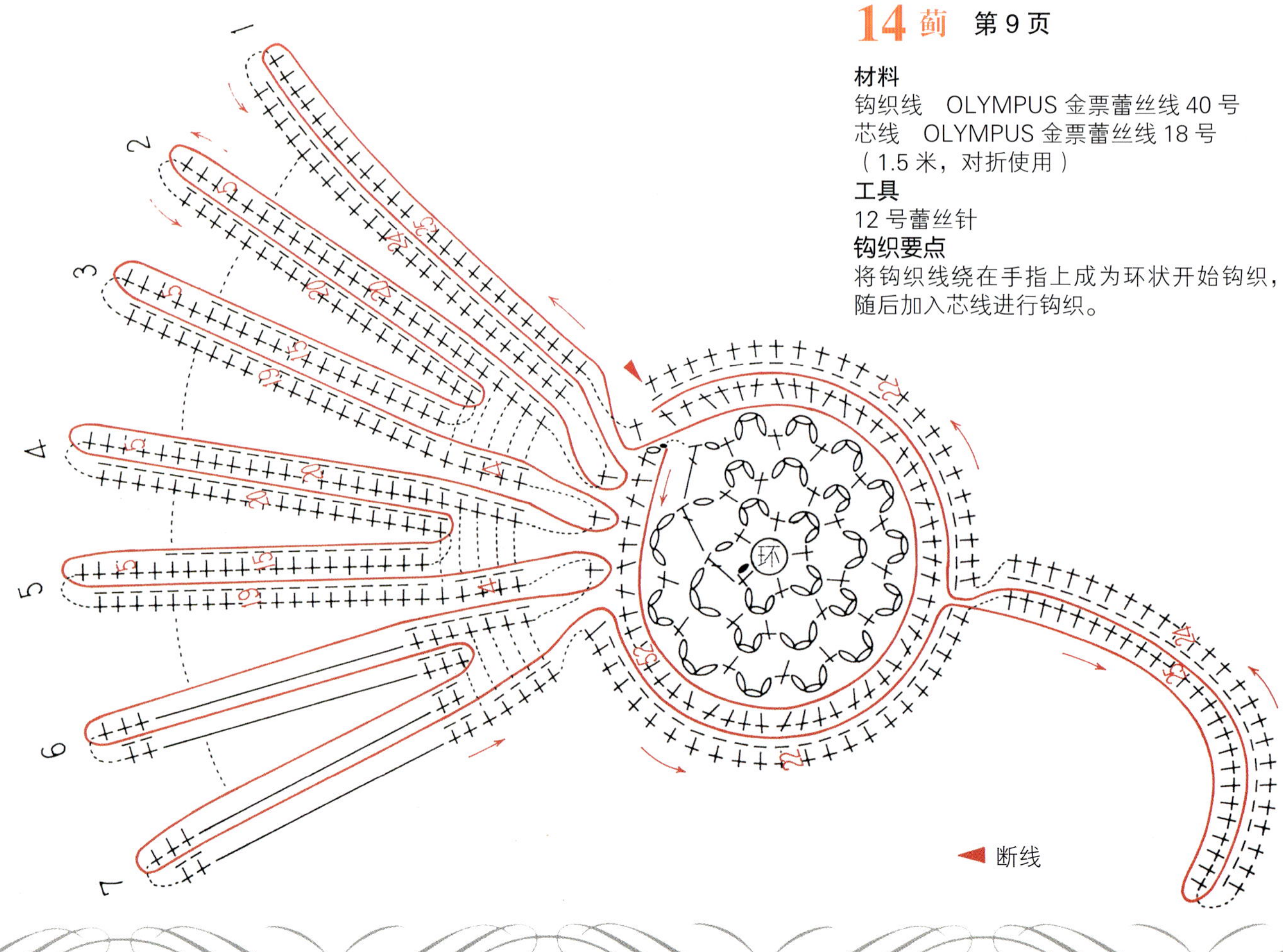

断线

12 毛茛 第 8 页

材料
钩织线 SKI 蕾丝线 40 号
芯线 SKI 蕾丝线 20 号
（2 米，对折使用）
工具
12 号蕾丝针
钩织要点
在铅笔粗细的棒状物上缠绕钩织线 10 圈，做成环状开始钩织，随后加入芯线进行钩织。

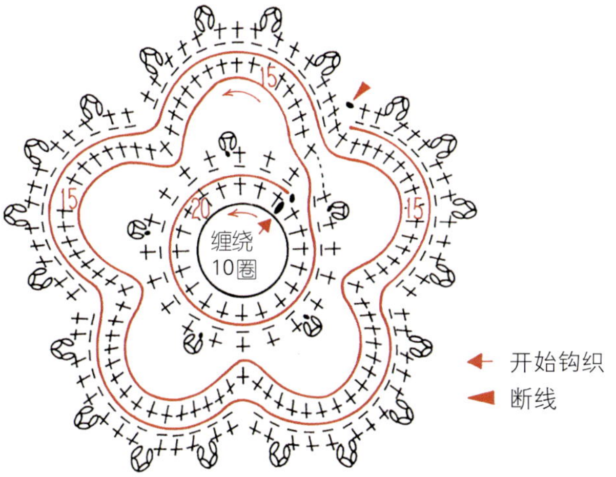

16 花芽 第 9 页

材料
钩织线 DARUMA 黄金系列蕾丝线 40 号
芯线 DARUMA 比马棉蕾丝线 20 号
（1 米，对折使用）
工具
12 号蕾丝针
钩织要点
将钩织线缠绕在芯线上开始钩织。

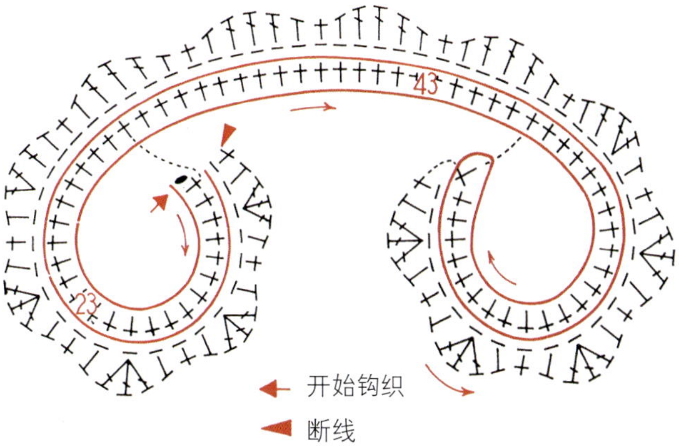

15 矢车菊 第 9 页

材料
钩织线 DARUMA 黄金系列蕾丝线 40 号
芯线 DARUMA 比马棉蕾丝线 20 号
（4 米，对折使用）
工具
12 号蕾丝针
钩织要点
将钩织线缠绕在芯线上开始钩织。花心是在铅笔粗细的棒状物上缠绕钩织线 30 圈，钩织成环状，最后缝上。

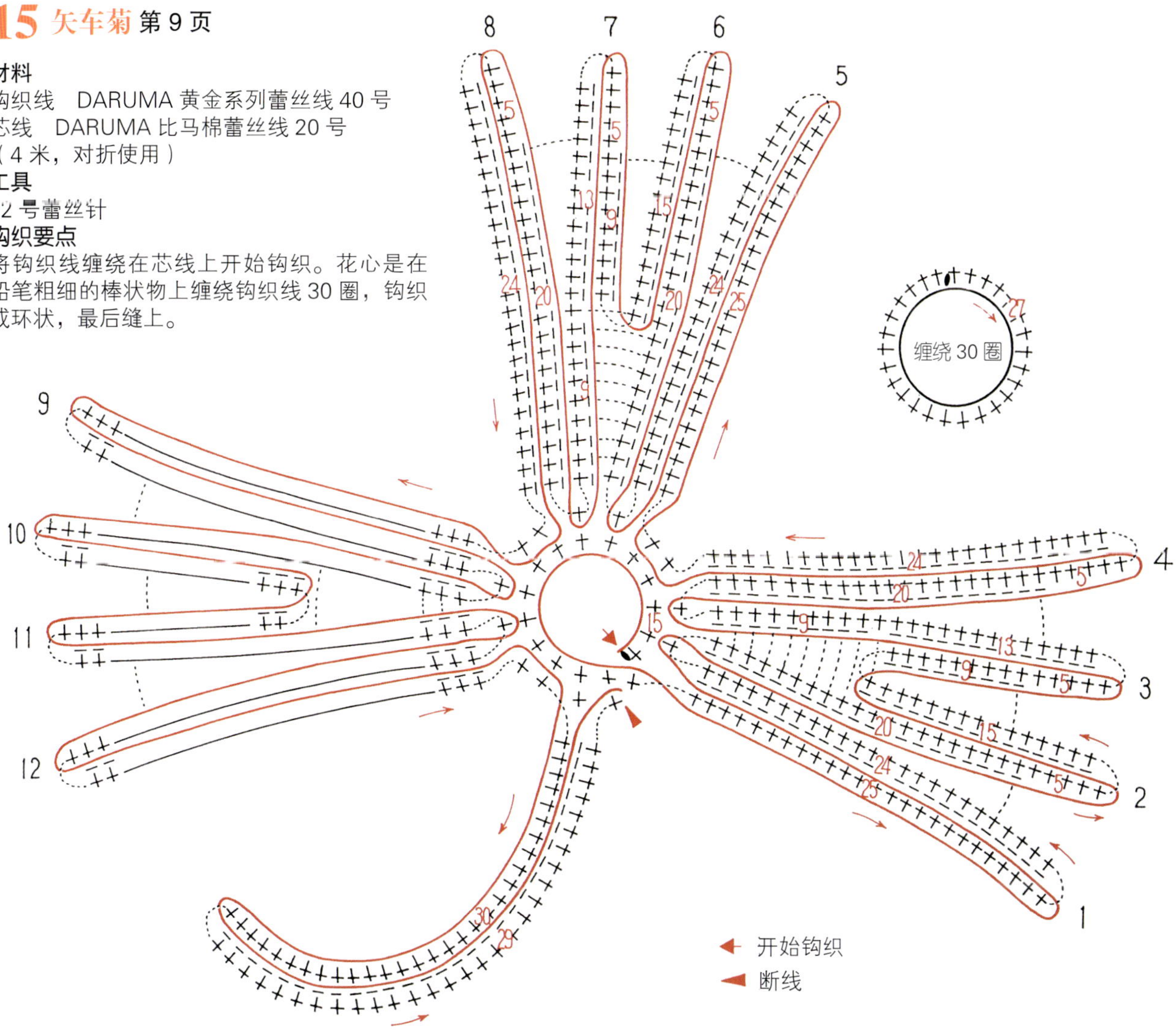

钩织方法 /18、19、20 见第 14 页　23、25 见第 15 页　21、22 见第 100 页　24、26 见第 101 页

23
24
25
26

18 万寿菊 第 12 页

材料

钩织线　DMC Cordonnet Special 蕾丝线 40 号

芯线　DMC Cordonnet Special 蕾丝线 10 号（2.5 米，折四折使用）

工具

12 号蕾丝针

钩织要点

将钩织线缠绕在芯线上开始钩织。

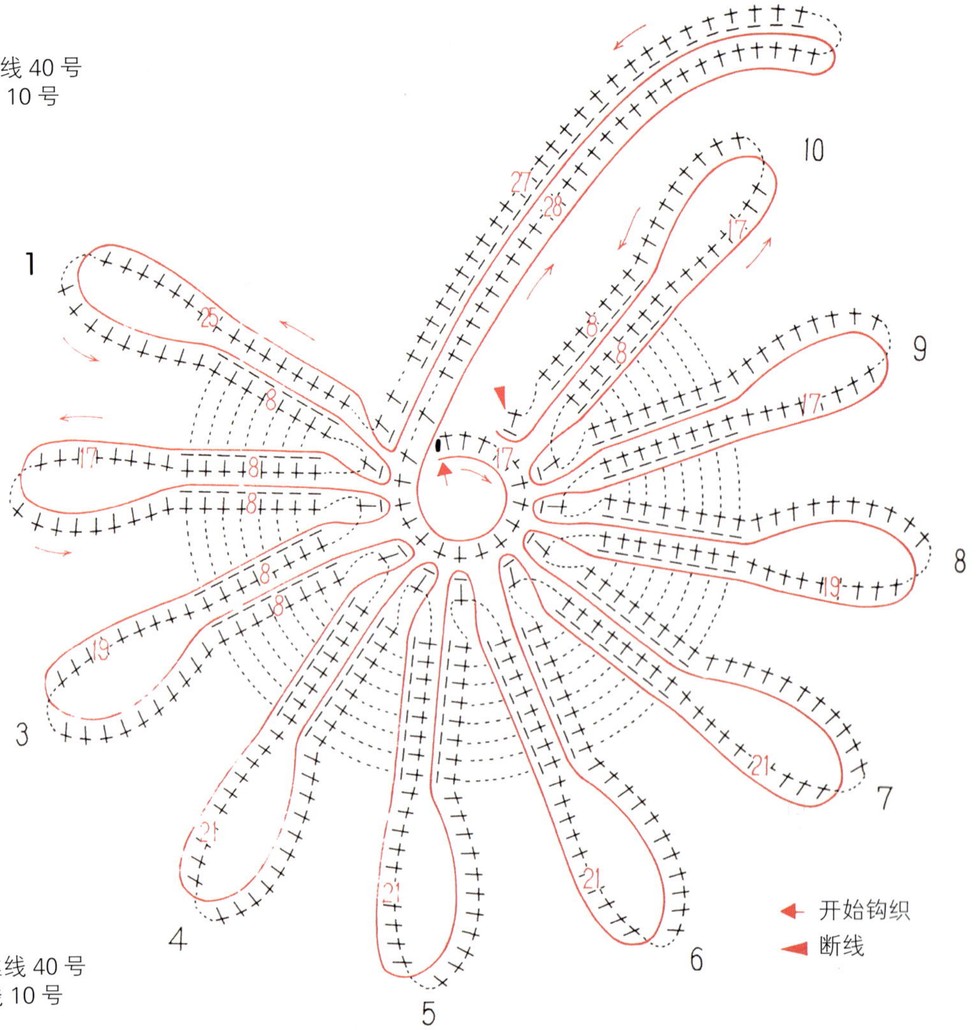

20 野玫瑰 第 12 页

材料

钩织线　DMC Cordonnet Special 蕾丝线 40 号

芯线　DMC Cordonnet Special 蕾丝线 10 号（1.5 米，折四折使用）

工具

12 号蕾丝针

钩织要点

在 3 号棒针上缠绕钩织线 10 圈，做成环状开始钩织，随后加入芯线进行钩织。

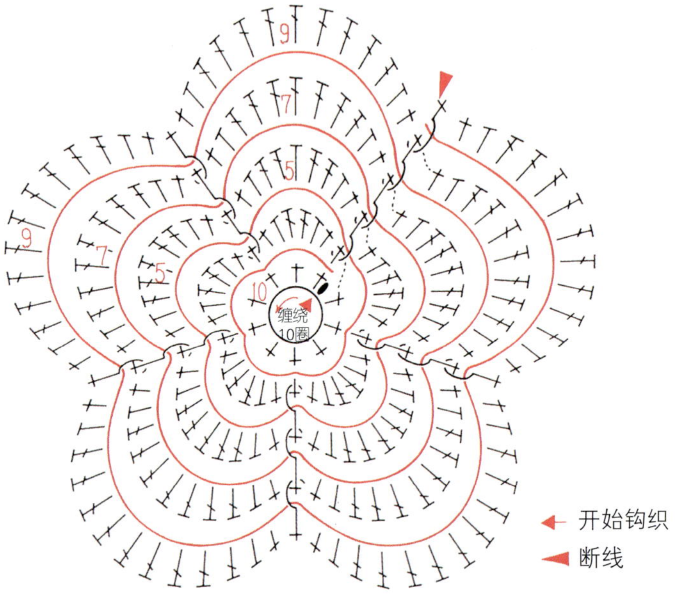

19 野玫瑰 第 12 页

材料

钩织线　DMC Cordonnet Special 蕾丝线 40 号

工具

12 号蕾丝针

钩织要点

将钩织线绕在手指上成为环状开始钩织。

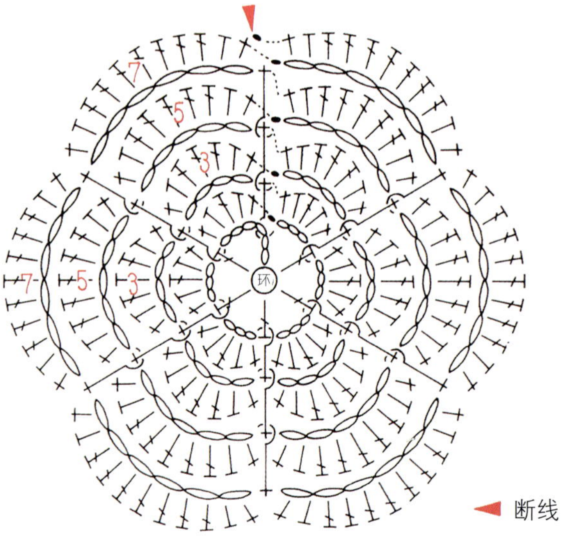

23 马蹄铁　第 13 页

材料
钩织线　SKI 蕾丝线 40 号
芯线　SKI 蕾丝线 20 号
（3 米，对折使用）
工具
12 号蕾丝针
钩织要点
将钩织线缠绕在芯线上开始钩织。

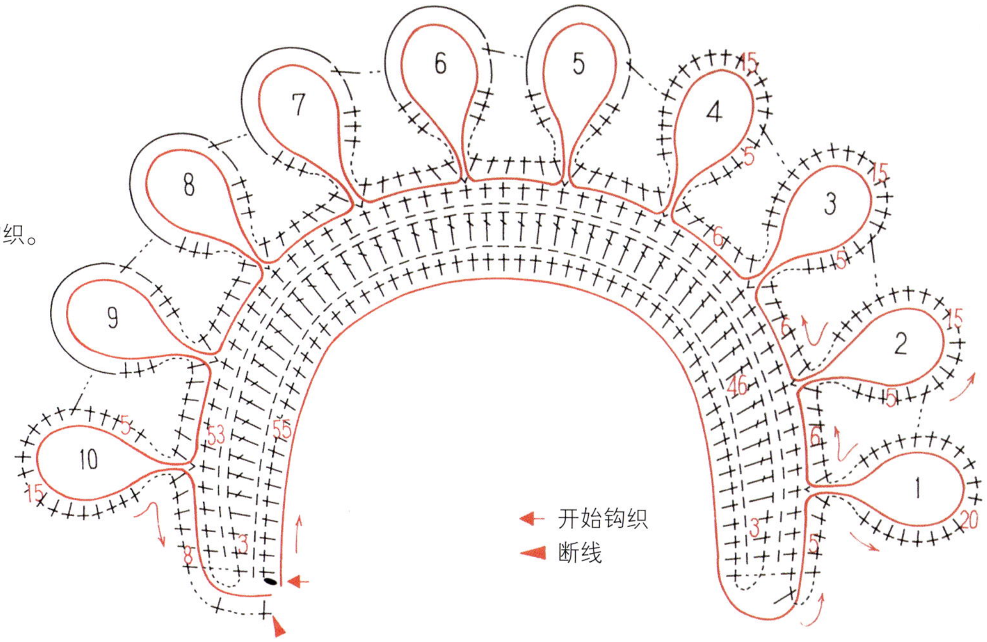

25 铁线莲　第 13 页

材料
钩织线　OLYMPUS 金票蕾丝线 40 号
芯线　OLYMPUS 金票蕾丝线 10 号
（1 米，对折使用）
工具
12 号蕾丝针
钩织要点
在铅笔粗细的棒状物上缠绕钩织线 20 圈，做成环状开始钩织，随后加入芯线进行钩织。

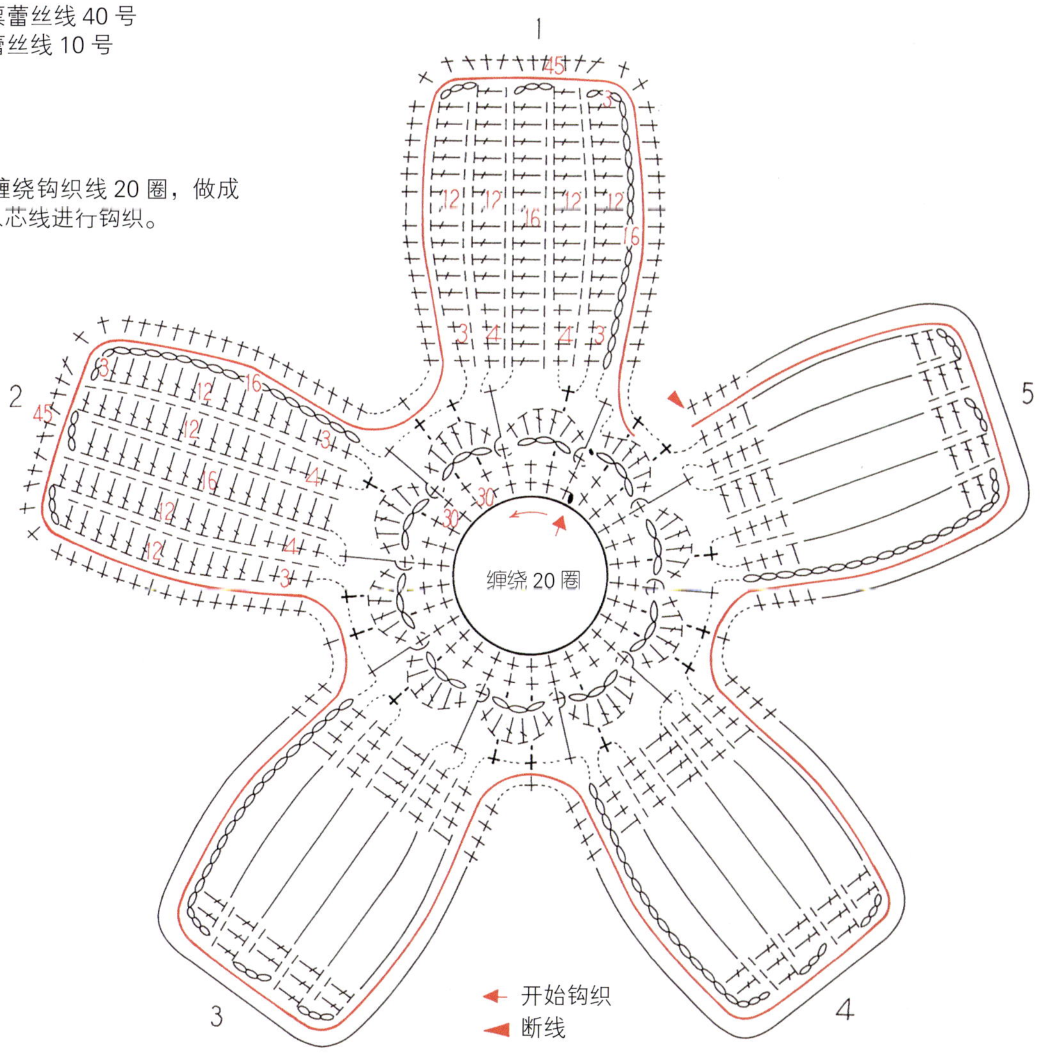

28 三叶草母子株　第 17 页

材料

钩织线　DMC Cordonnet Special 蕾丝线 40 号

芯线　DMC Cordonnet Special 蕾丝线 10 号

（2.5 米，折四折使用）

工具

12 号蕾丝针

钩织要点

将钩织线缠绕在芯线上开始钩织。

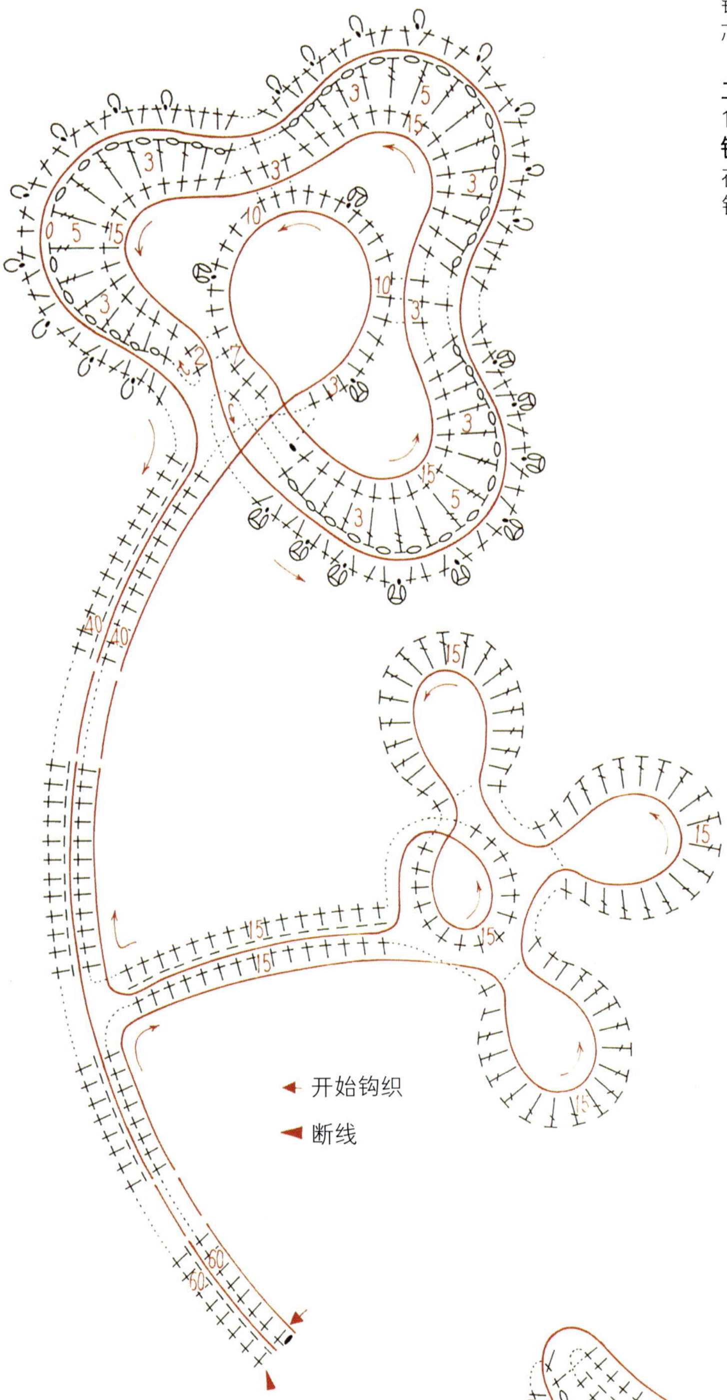

29 鸢尾的花蕾　第 17 页

材料

钩织线　DMC Cordonnet Special 蕾丝线 40 号

芯线　DMC Cordonnet Special 蕾丝线 10 号

（4 米，折四折使用）

工具

12 号蕾丝针

钩织要点

在 9 号棒针上缠绕钩织线 30 圈，做成环状开始钩织，随后加入芯线进行钩织。

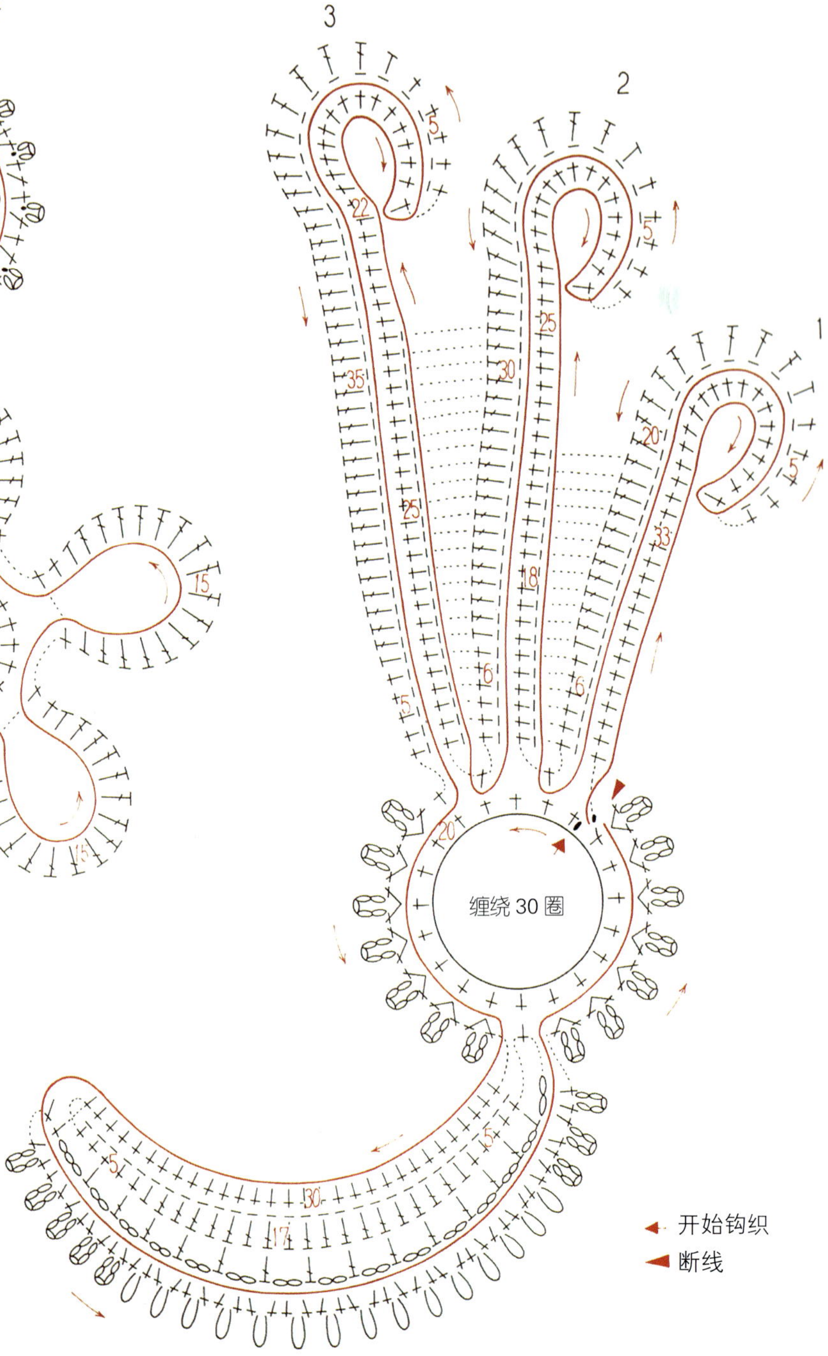

钩织方法 /28、29 见第 16 页　27 见第 102 页

31 三叶草　第 19 页

材料

钩织线　OLYMPUS 金票蕾丝线 40 号

芯线　OLYMPUS 金票蕾丝线 18 号

（1 米，对折使用）

工具

12 号蕾丝针

钩织要点

在铅笔粗细的棒状物上缠绕钩织线 20 圈，做成环状开始钩织，随后加入芯线进行钩织。

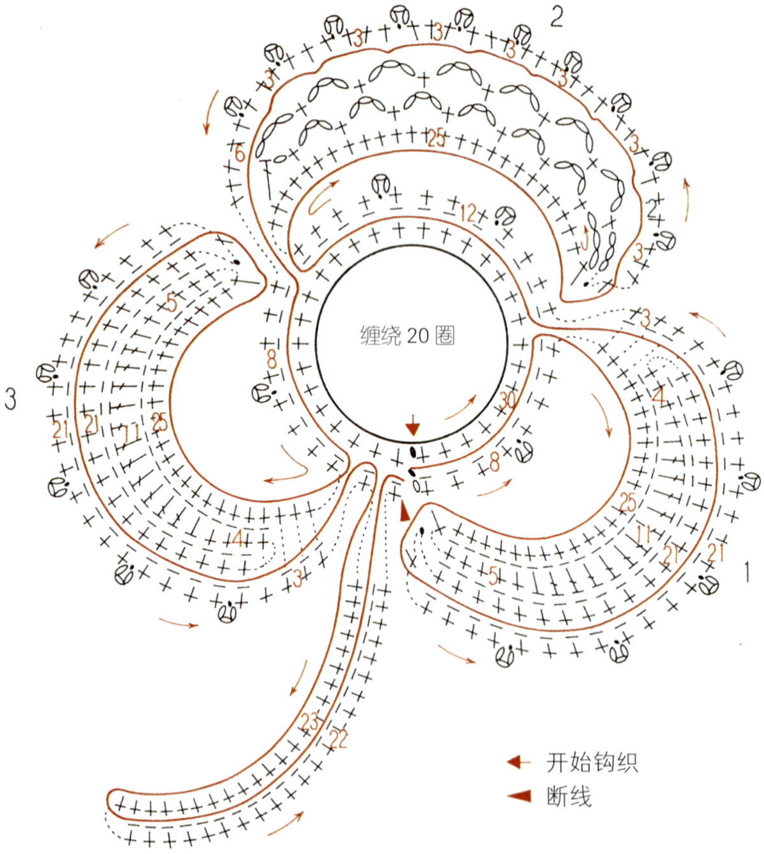

32 扇子　第 19 页

材料

钩织线　DARUMA 黄金系列蕾丝线 40 号

芯线　DARUMA 比马棉蕾丝线 20 号

（两根 3 米，主体对折使用，花心部分折四折使用）

工具

12 号蕾丝针

钩织要点

将钩织线缠绕在芯线上分别钩织主体和花心。

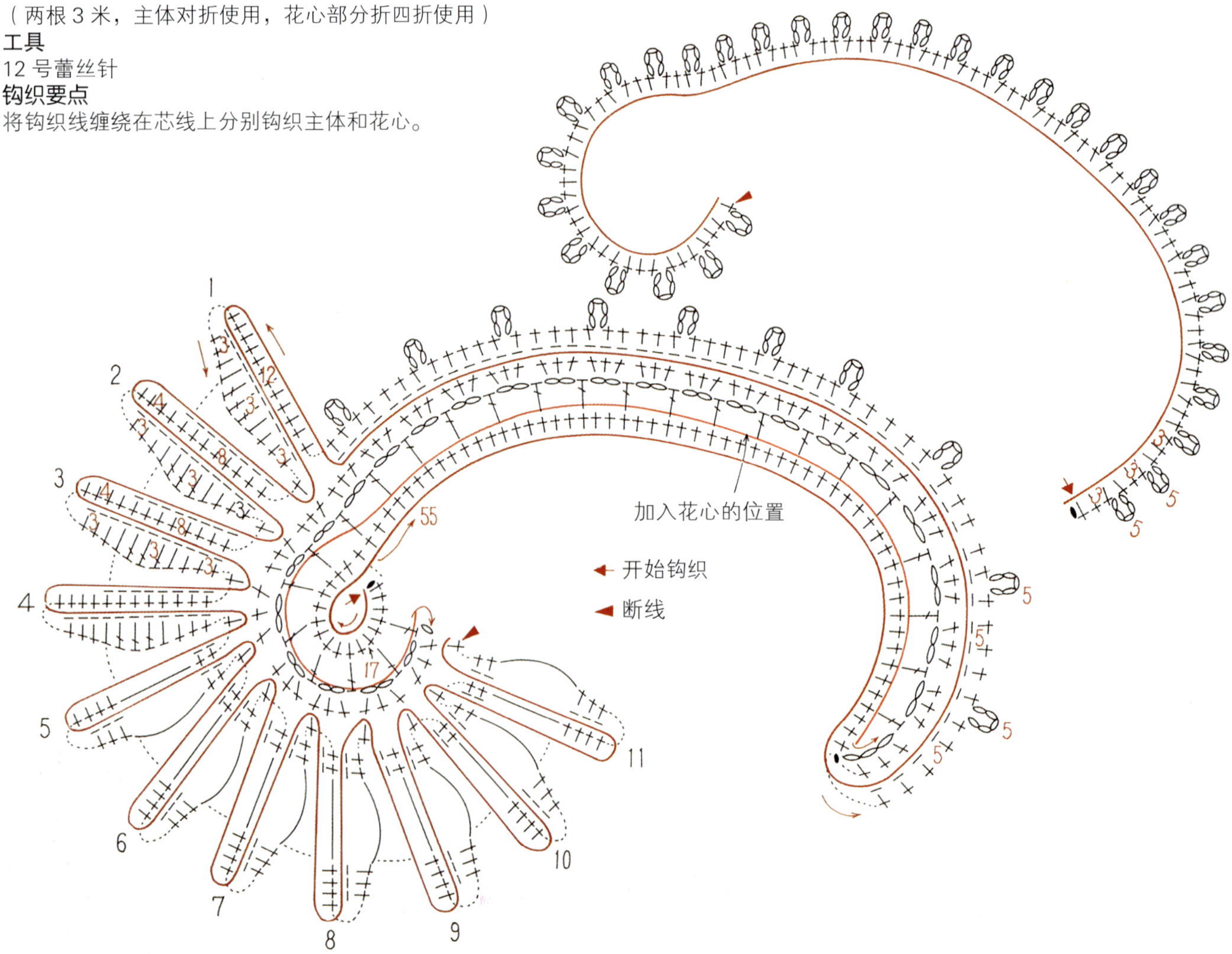

钩织方法/31、32见第18页 30见第103页 33见第102页

34 马鞍　第 21 页

材料
钩织线　DARUMA 黄金系列蕾丝线 40 号
芯线　DARUMA 比马棉蕾丝线 20 号
（1 米，对折使用）
工具
12 号蕾丝针
钩织要点
将钩织线缠绕在芯线上开始钩织。

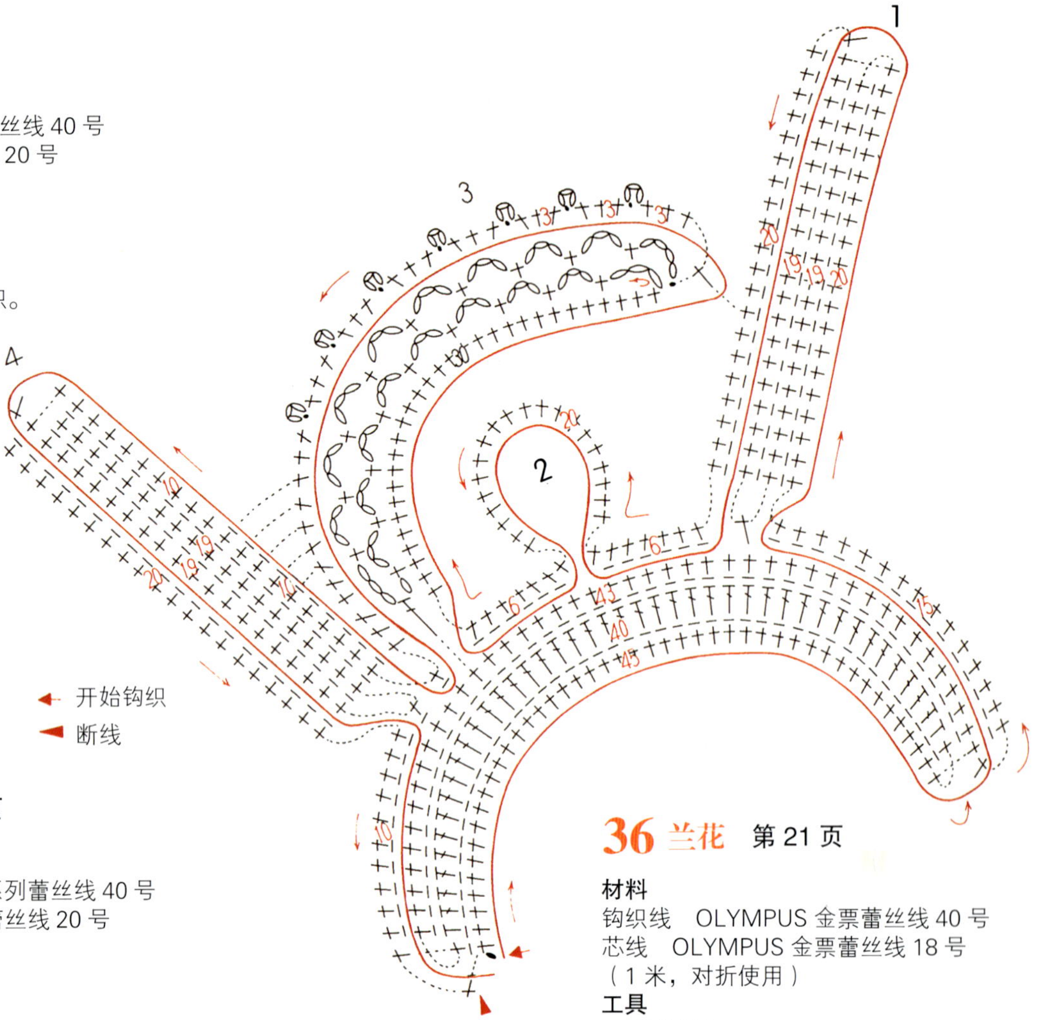

开始钩织
断线

35 小苹果　第 21 页

材料
钩织线　DARUMA 黄金系列蕾丝线 40 号
芯线　DARUMA 比马棉蕾丝线 20 号
（1 米，对折使用）
工具
12 号蕾丝针
钩织要点
将钩织线缠绕在芯线上开始钩织。

36 兰花　第 21 页

材料
钩织线　OLYMPUS 金票蕾丝线 40 号
芯线　OLYMPUS 金票蕾丝线 18 号
（1 米，对折使用）
工具
12 号蕾丝针
钩织要点
将钩织线缠绕在芯线上开始钩织。

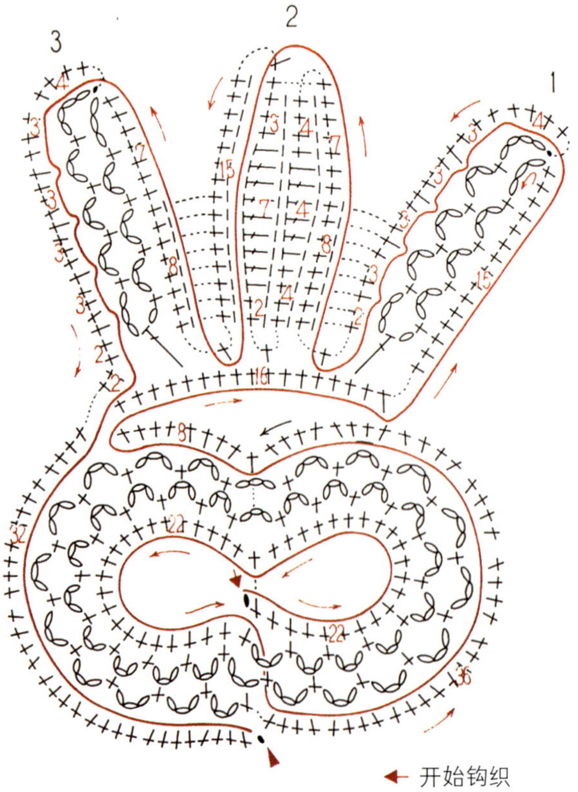

开始钩织
断线

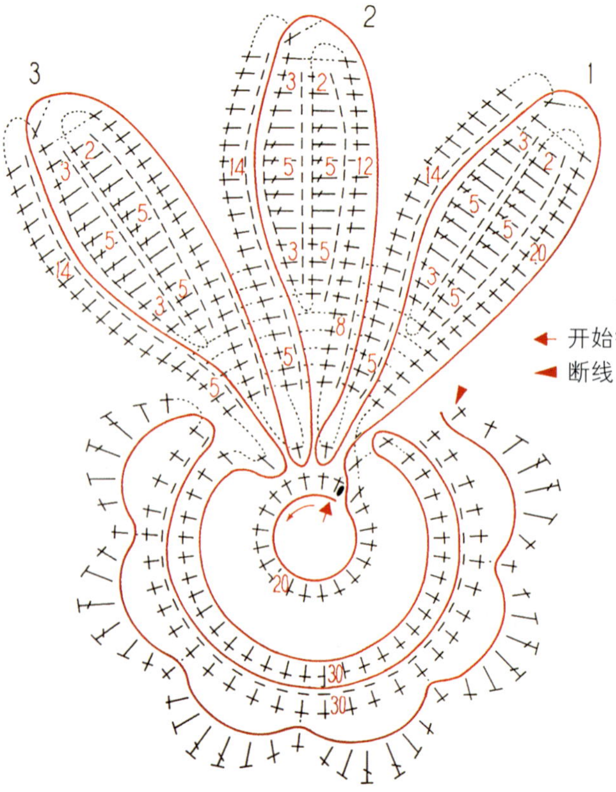

开始钩织
断线

钩织方法 /34、35、36 见第 20 页　37 见第 104 页

38 花环　第 23 页

材料
钩织线　OLYMPUS 金票蕾丝线 40 号
芯线　OLYMPUS 金票蕾丝线 18 号
（3 米，对折使用）
工具
12 号蕾丝针
钩织要点
将钩织线缠绕在芯线上开始钩织。

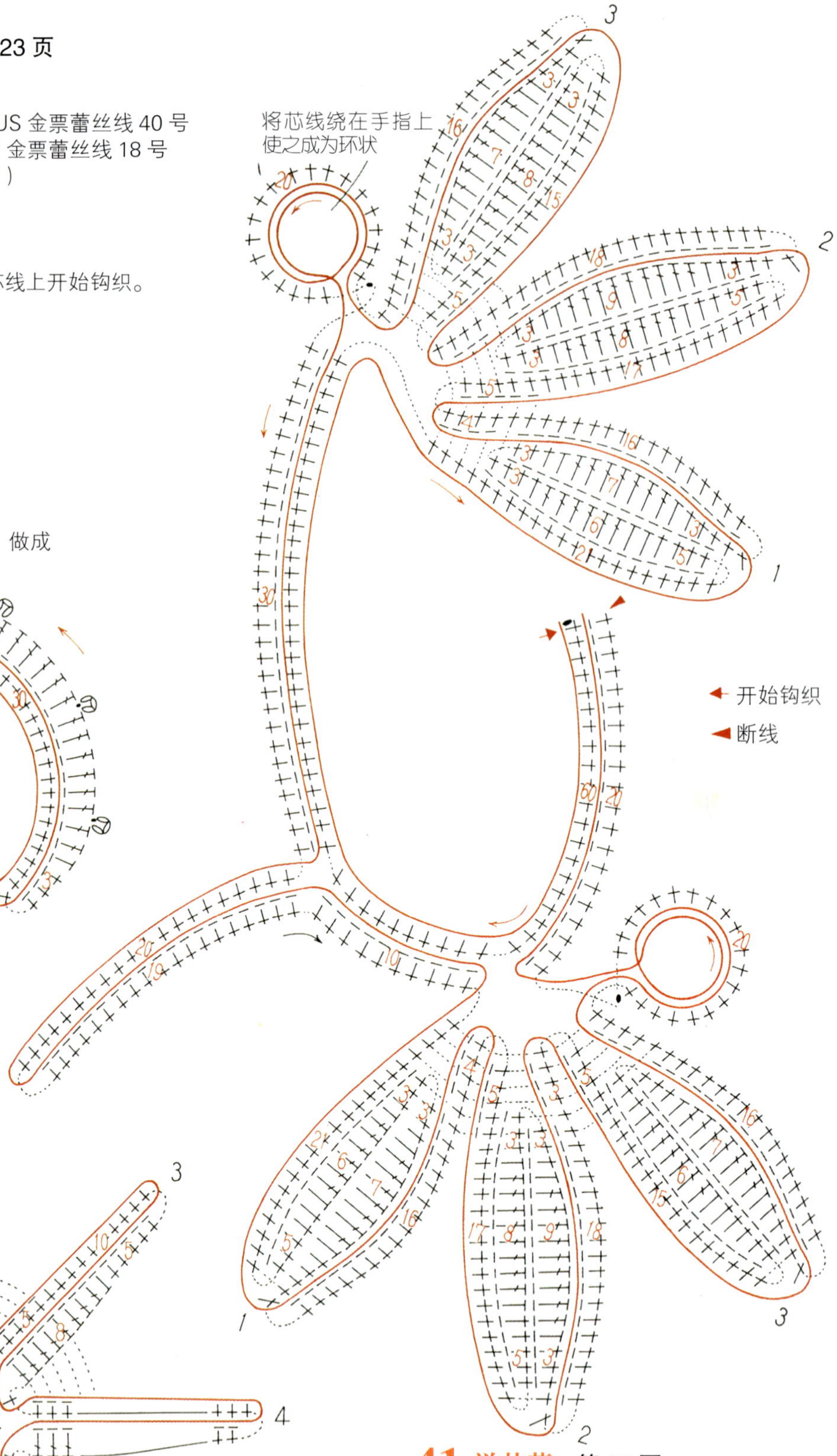

40 初开的花　第 23 页

材料
钩织线　DARUMA 黄金系列蕾丝线 40 号
芯线　DARUMA 比马棉蕾丝线 20 号
（1.2 米，折四折使用）
工具
12 号蕾丝针
钩织要点
在铅笔粗细的棒状物上缠绕钩织线 20 圈，做成环状开始钩织，随后加入芯线进行钩织。

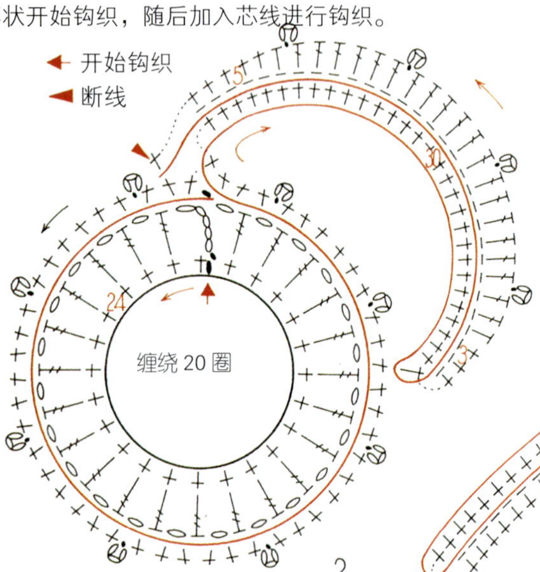

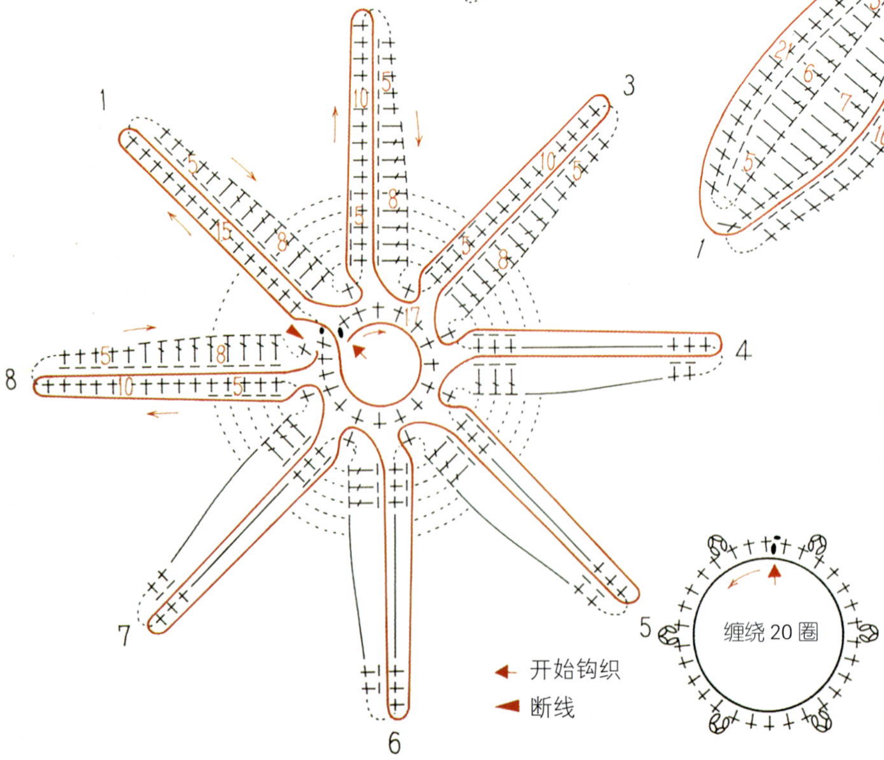

41 洋甘菊　第 23 页

材料
钩织线　SKI 蕾丝线 40 号
芯线　SKI 蕾丝线 20 号
（2.5 米，对折使用）
工具
12 号蕾丝针
钩织要点
花瓣部分是将钩织线缠绕在芯线上开始钩织。花心部分是在铅笔粗细的棒状物上缠绕钩织线 20 圈，做成环状开始钩织，最后将两部分缝合在一起。

钩织方法/38、40、41见第22页　39见第104页

45 螺旋状三叶草　第 25 页

材料
钩织线　OLYMPUS 金票蕾丝线 40 号
芯线　OLYMPUS 金票蕾丝线 18 号
（1.5 米，对折使用）
工具
12 号蕾丝针
钩织要点
在铅笔粗细的棒状物上缠绕钩织线 10 圈，做成环状开始钩织，随后加入芯线进行钩织。

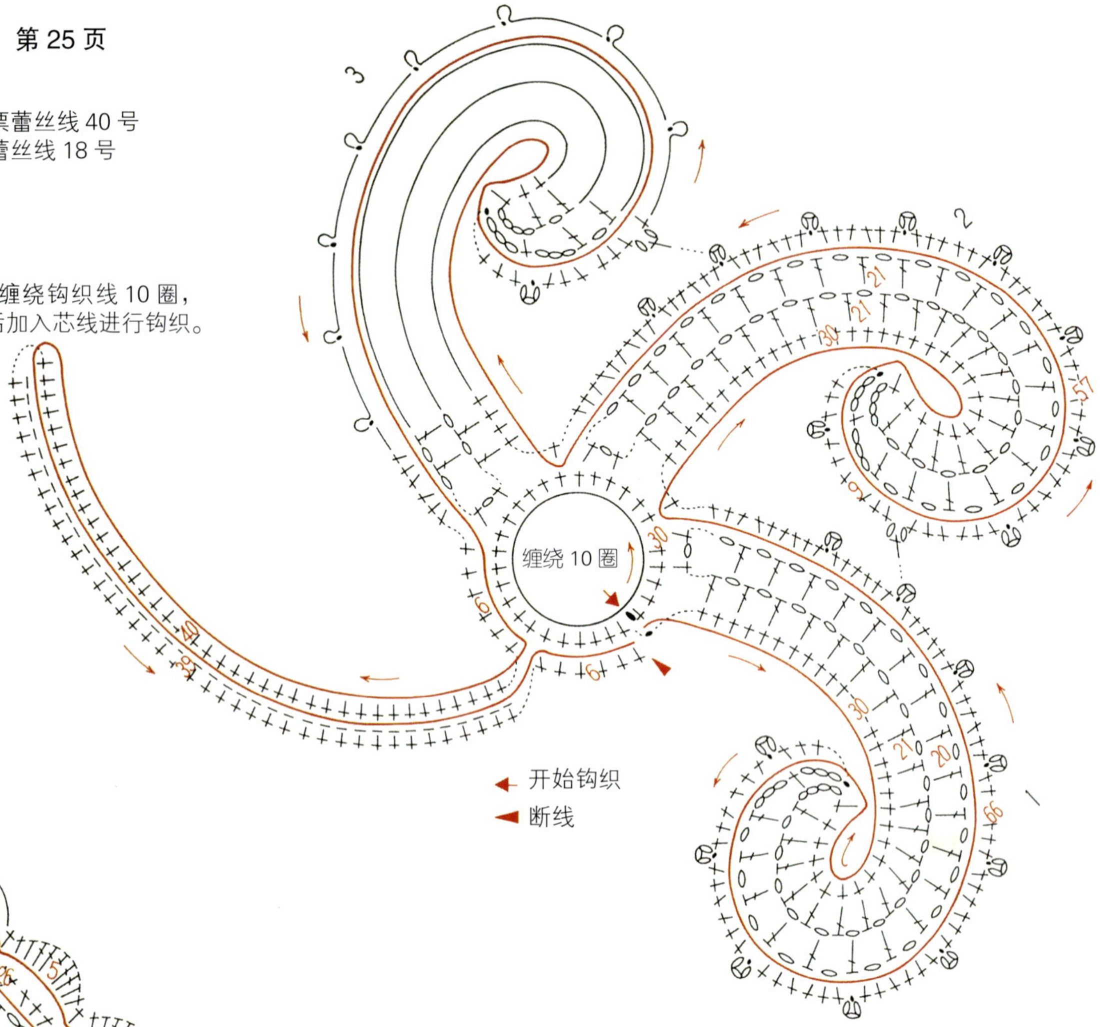

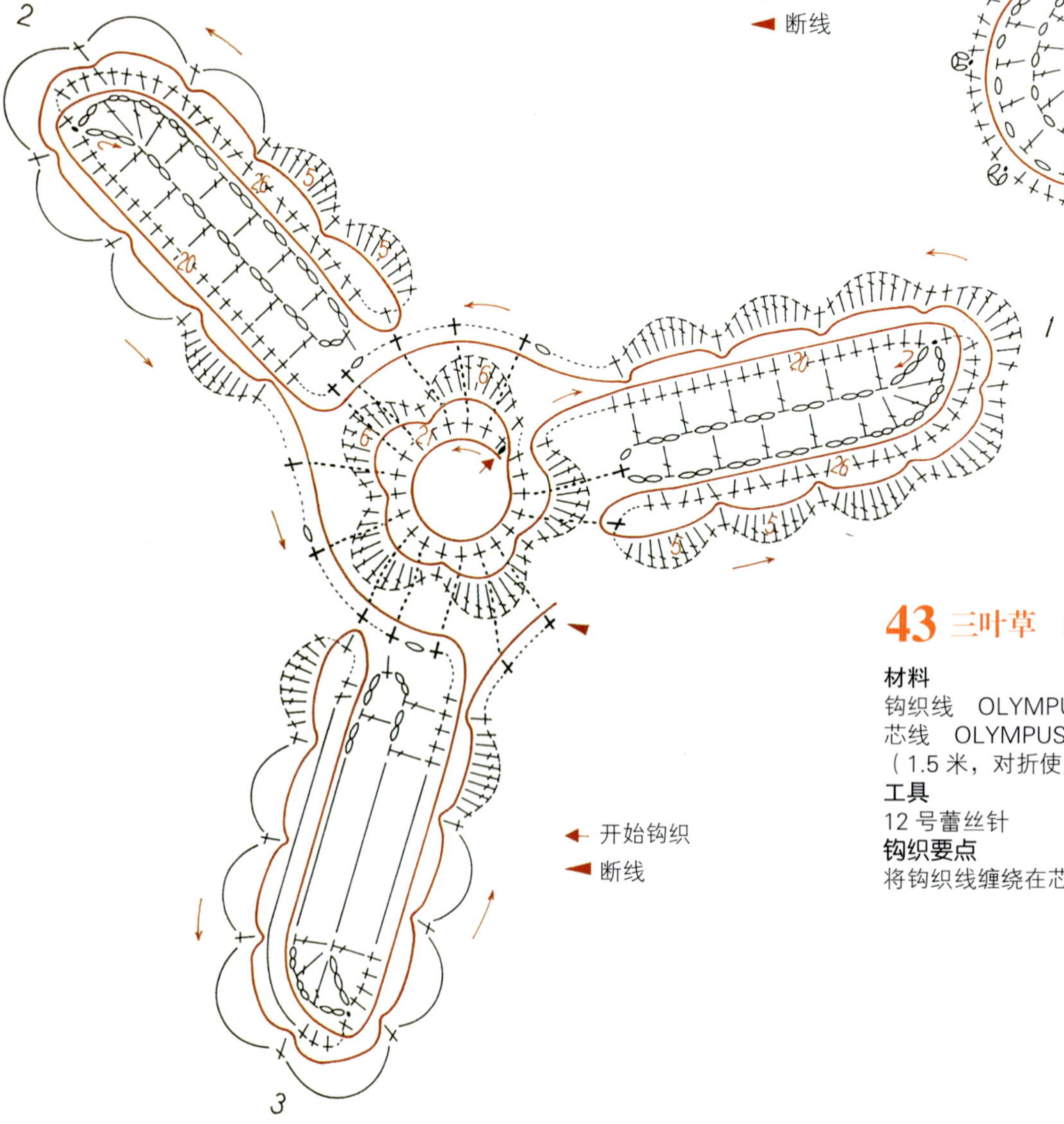

43 三叶草　第 25 页

材料
钩织线　OLYMPUS 金票蕾丝线 40 号
芯线　OLYMPUS 金票蕾丝线 18 号
（1.5 米，对折使用）
工具
12 号蕾丝针
钩织要点
将钩织线缠绕在芯线上开始钩织。

钩织方法 /43、45 见第 24 页　42 见第 103 页　44 见第 105 页

46 非洲菊 第 27 页

材料

钩织线 DARUMA 黄金系列蕾丝线 40 号
芯线 DARUMA 比马棉蕾丝线 20 号
（3 米，对折使用）

工具

12 号蕾丝针

钩织要点

将钩织线使用锁针的方法起针，随后加入芯线开始钩织。最后在花心的周围钩织松叶针。

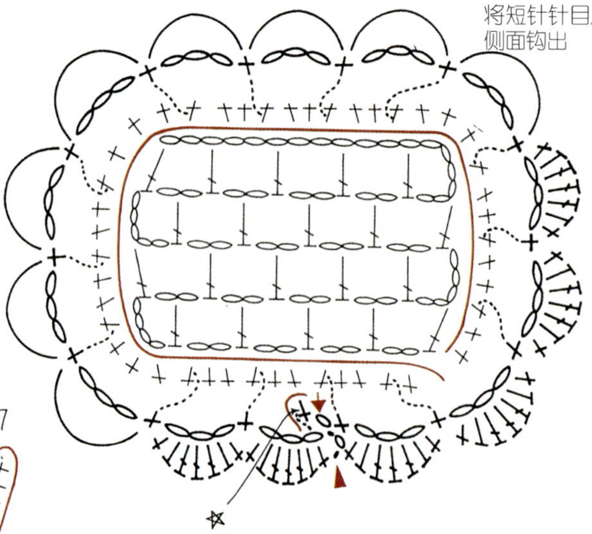

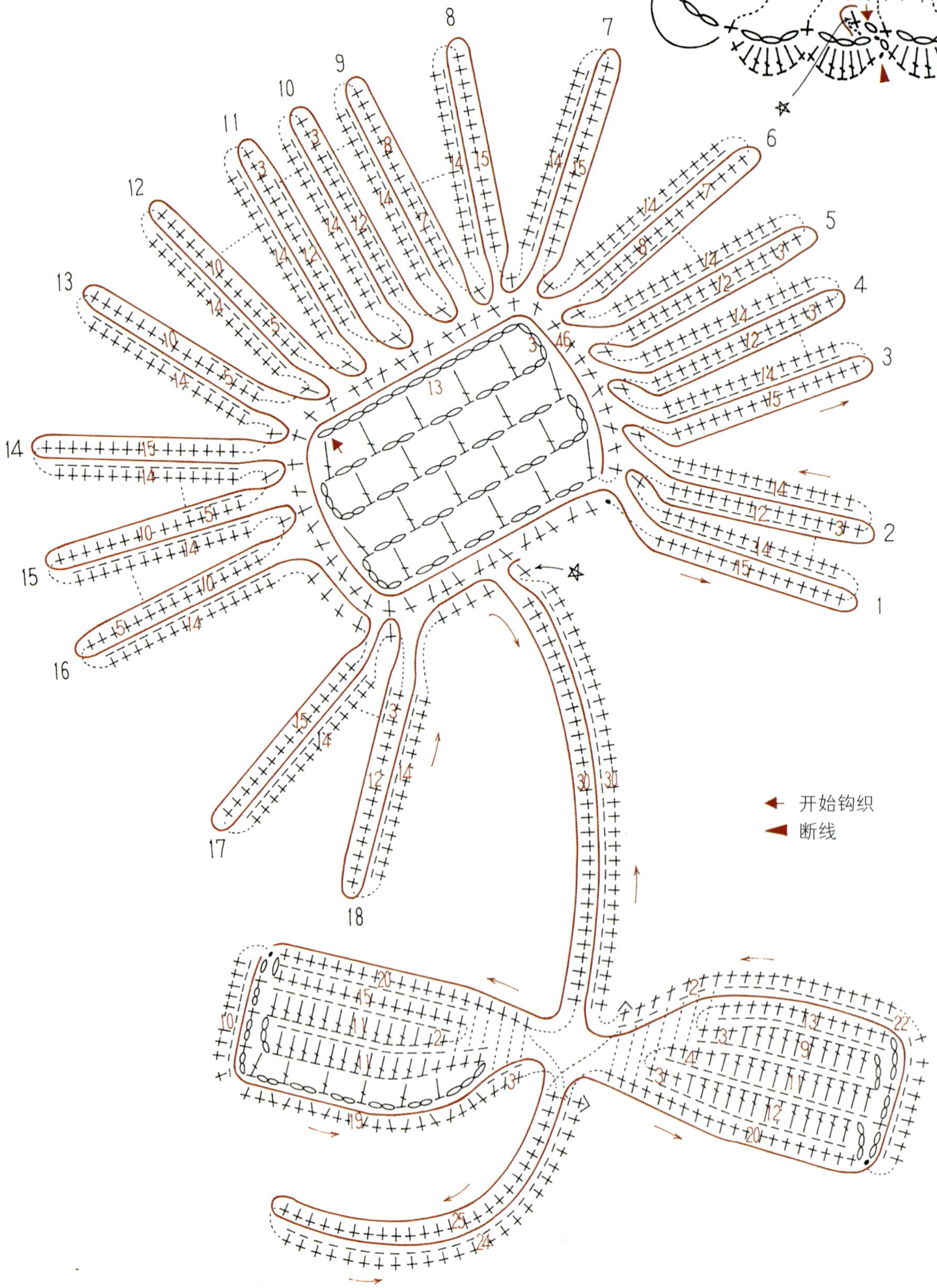

钩织方法 /46 见第 26 页　47、48 见第 105 页　49 见第 104 页

50

51

钩织方法 /50、51、53 见第 32 页　52、54 见第 33 页

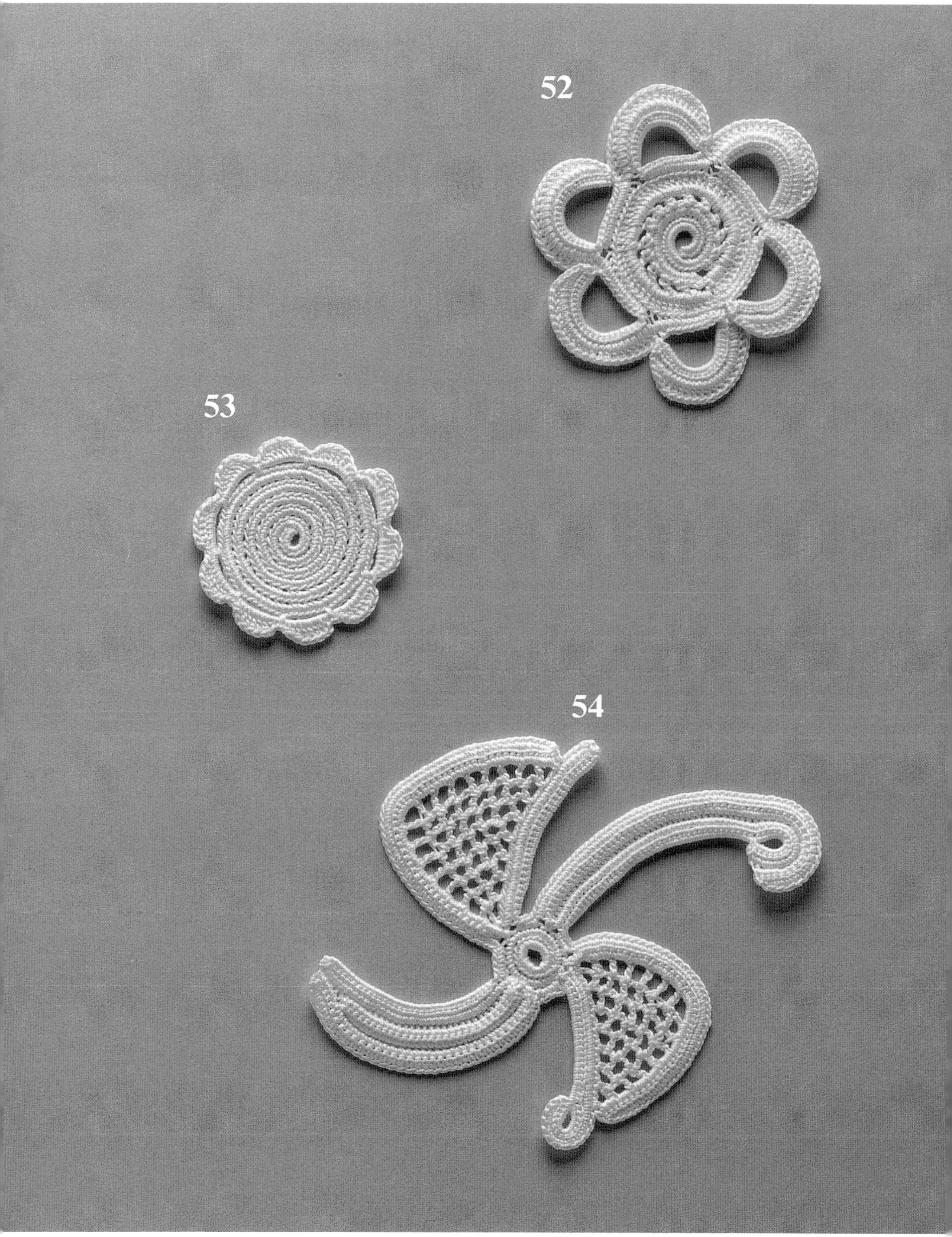
52
53
54

50 风车　第 30 页

材料

钩织线　DARUMA 黄金系列蕾丝线 40 号
芯线　DARUMA 比马棉蕾丝线 20 号
（2 米，对折使用）

工具

12 号蕾丝针

钩织要点

在铅笔粗细的棒状物上缠绕钩织线 20 圈，做成环状开始钩织，随后加入芯线进行钩织。

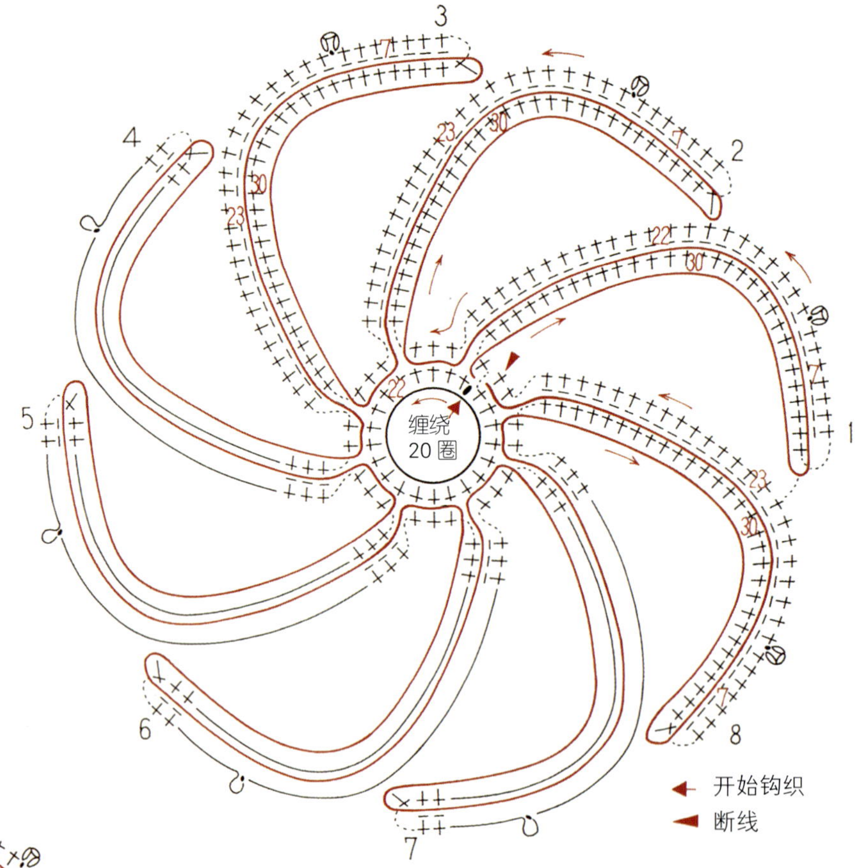

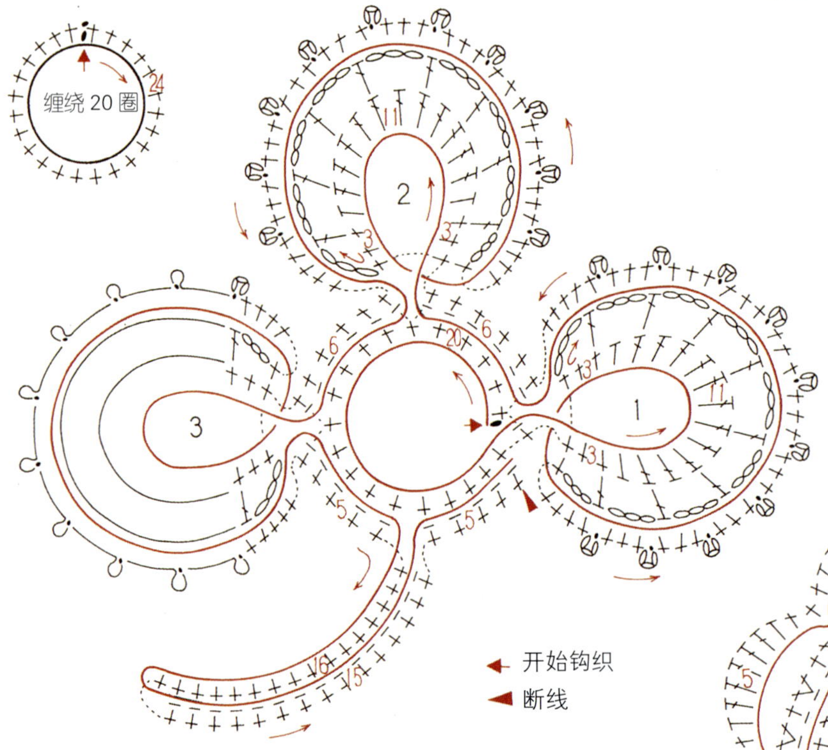

51 三叶草　第 30 页

材料

钩织线　DARUMA 黄金系列蕾丝线 40 号
芯线　DARUMA 比马棉蕾丝线 20 号
（1 米，对折使用）

工具

12 号蕾丝针

钩织要点

将钩织线缠绕在芯线上开始钩织。中心部分是在铅笔粗细的棒状物上缠绕钩织线 20 圈，做成环状开始钩织。最后将两部分缝合在一起。

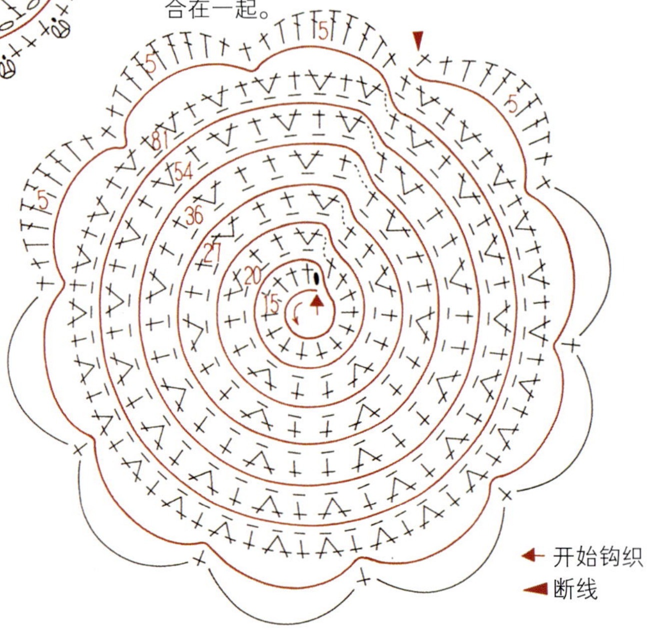

53 蒲公英　第 31 页

材料

钩织线　DARUMA 黄金系列蕾丝线 40 号
芯线　DARUMA 比马棉蕾丝线 20 号
（1.5 米，对折使用）

工具

12 号蕾丝针

钩织要点

将钩织线缠绕在芯线上开始钩织。

52 山茶花　第 31 页

材料

钩织线　SKI 蕾丝线 40 号

芯线　SKI 蕾丝线 20 号

（3 米，对折使用）

工具

12 号蕾丝针

钩织要点

将钩织线缠绕在芯线上开始钩织。

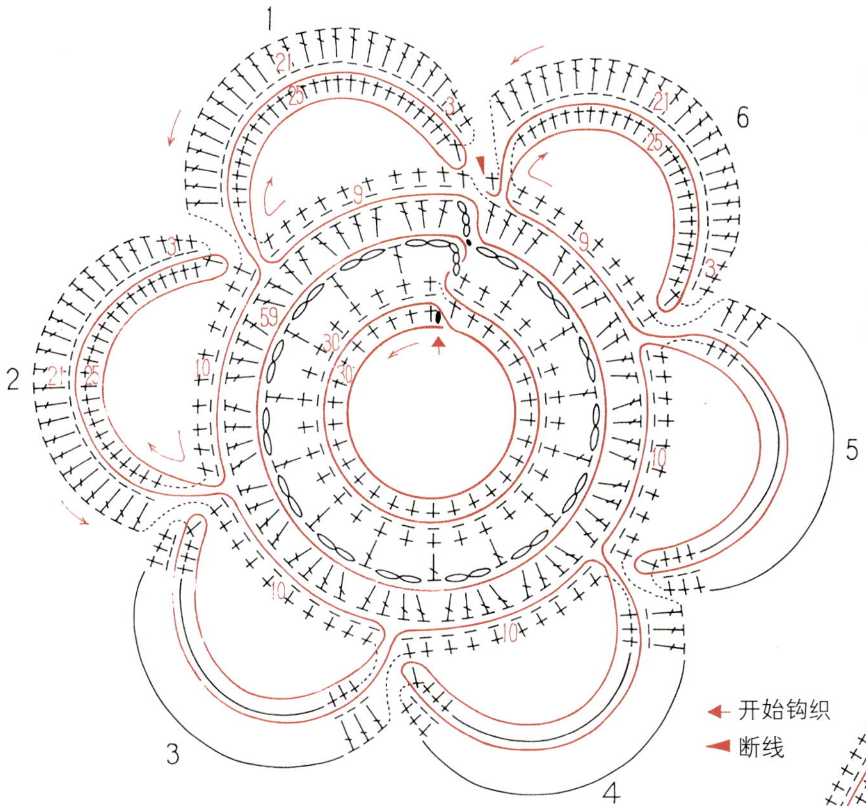

◀ 开始钩织

◀ 断线

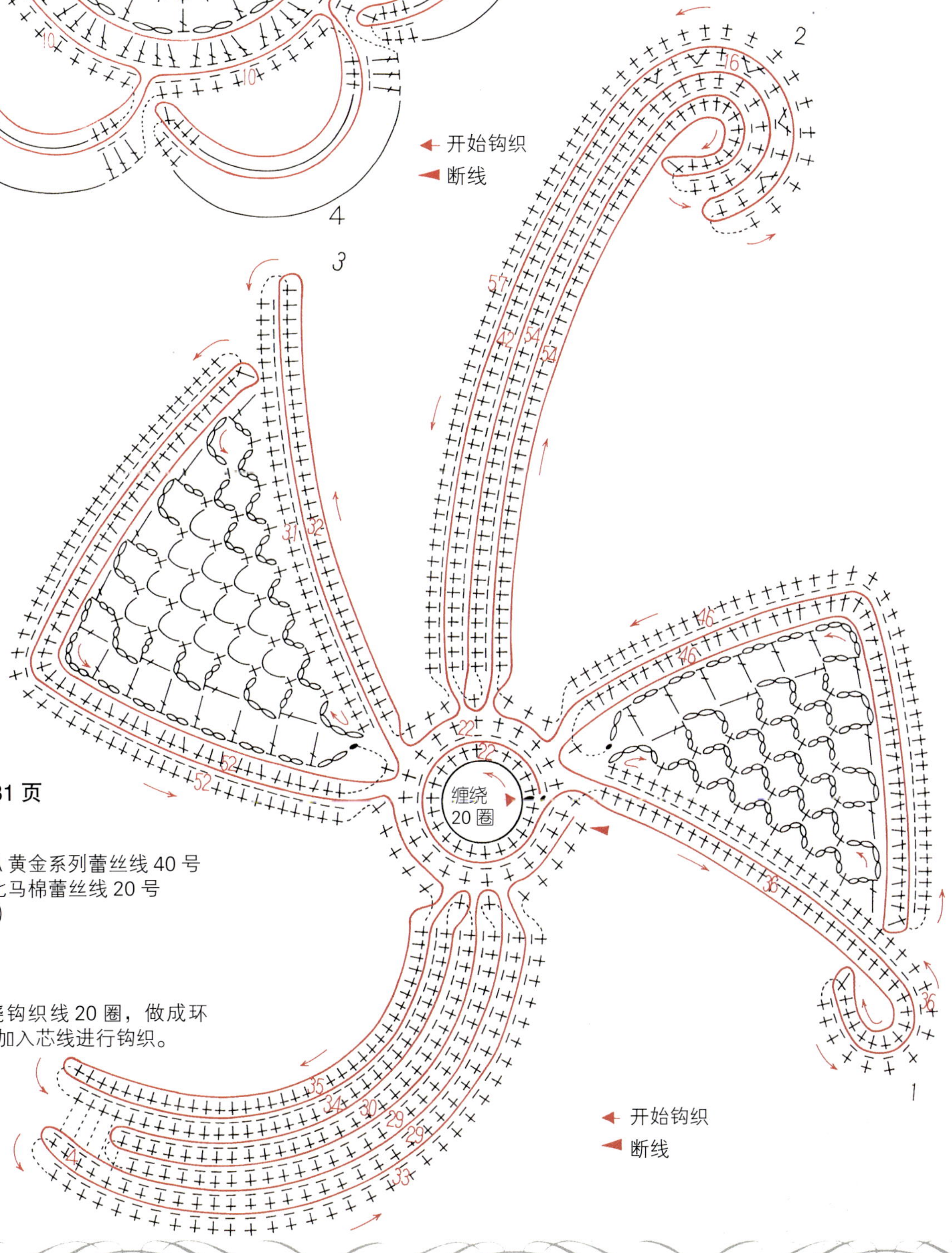

54 蝴蝶　第 31 页

材料

钩织线　DARUMA 黄金系列蕾丝线 40 号

芯线　DARUMA 比马棉蕾丝线 20 号

（3 米，对折使用）

工具

12 号蕾丝针

钩织要点

在 9 号棒针上缠绕钩织线 20 圈，做成环状开始钩织，随后加入芯线进行钩织。

◀ 开始钩织

◀ 断线

55

56

ROTARY PHOTO, E.C
MRS CYRIL MICHAEL & DAUGHTER
(MISS NORA KERIN)
RITA MARTIN

57

58

59

钩织方法/55、56、59见第36页　57、58见第37页

55 大豆的花　第 34 页

材料
钩织线　DARUMA 黄金系列蕾丝线 40 号
芯线　DARUMA 比马棉蕾丝线 20 号
（1.5 米，对折使用）
工具
12 号蕾丝针
钩织要点
将钩织线缠绕在芯线上开始钩织。

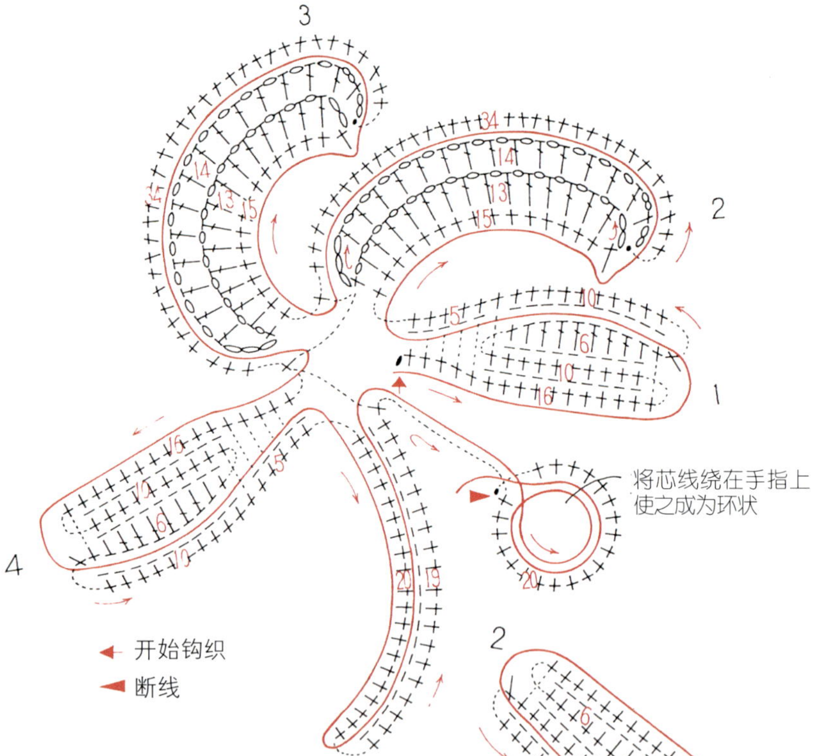

56 草莓的叶子　第 34 页

材料
钩织线　DARUMA 黄金系列蕾丝线 40 号
芯线　DARUMA 比马棉蕾丝线 20 号
（1.5 米，对折使用）
工具
12 号蕾丝针
钩织要点
将钩织线缠绕在芯线上开始钩织。

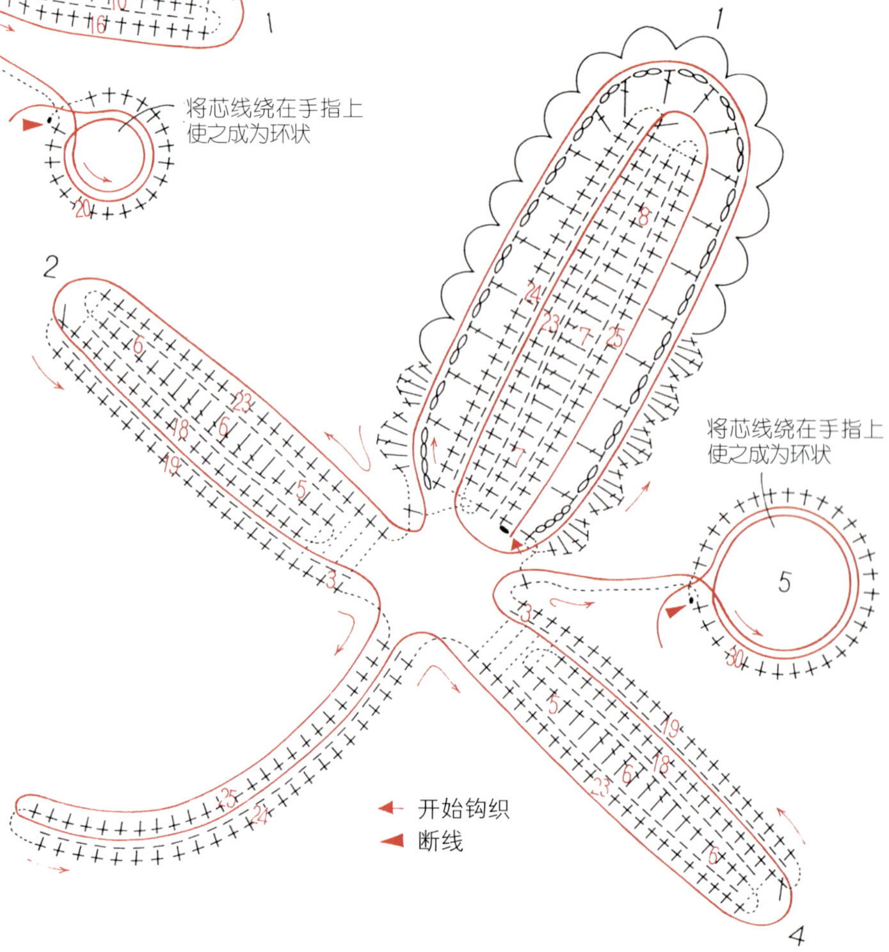

59 藏红花　第 35 页

材料
钩织线　DARUMA 黄金系列蕾丝线 40 号
芯线　DARUMA 比马棉蕾丝线 18 号
（2 米，对折使用）
工具
12 号蕾丝针
钩织要点
将钩织线缠绕在芯线上开始钩织。

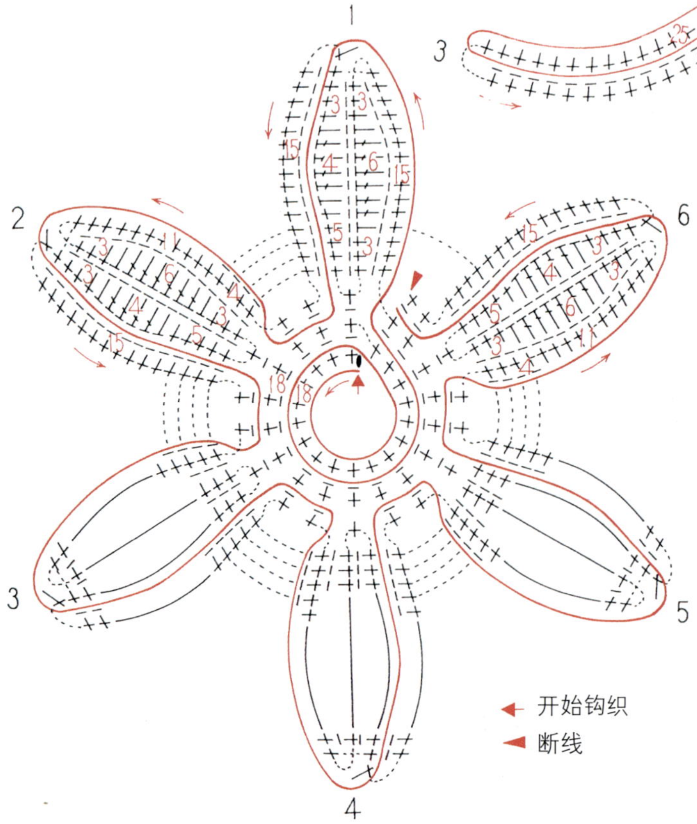

57 徽章　第 35 页

材料
钩织线　DARUMA 黄金系列蕾丝线 40 号
芯线　DARUMA 比马棉蕾丝线 20 号
（2.5 米，对折使用）
工具
12 号蕾丝针
钩织要点
在 9 号棒针上缠绕钩织线 10 圈，做成环状开始钩织，随后加入芯线进行钩织。

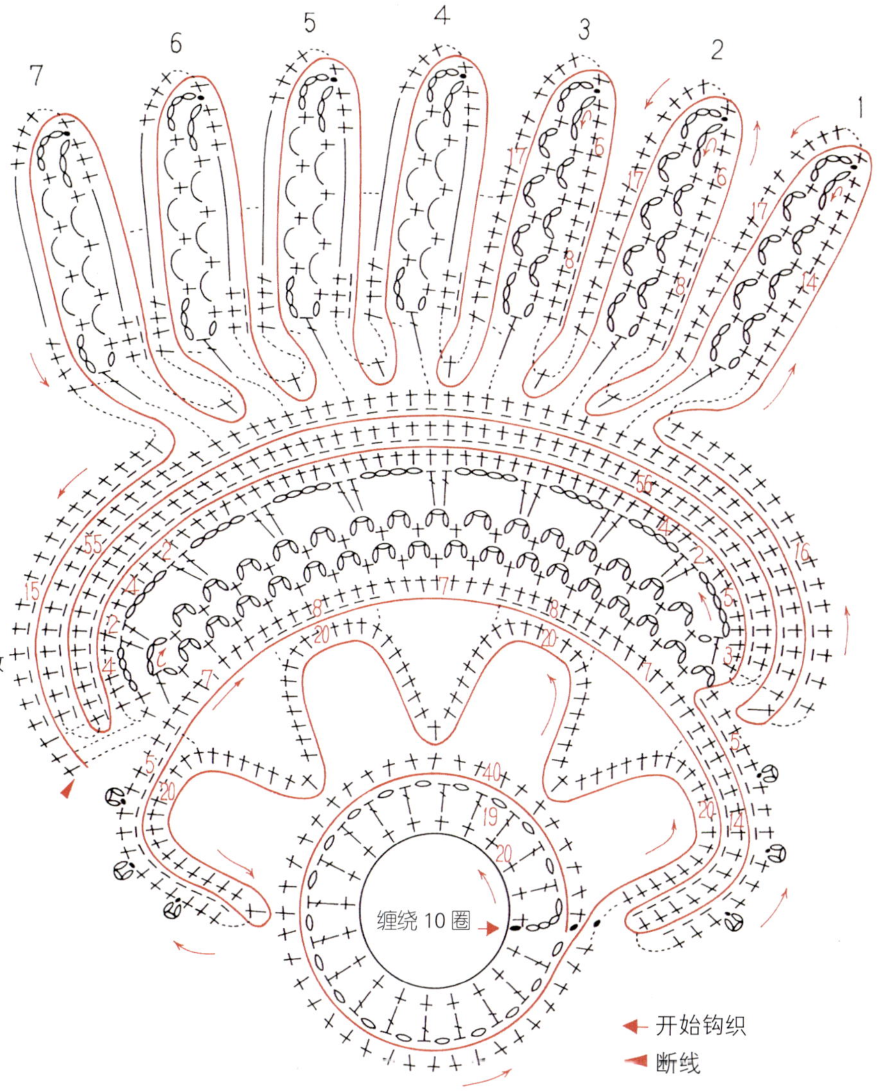

58 三色堇　第 35 页

材料
钩织线　SKI 蕾丝线 40 号
芯线　SKI 蕾丝线 20 号
（2 米，对折使用）
工具
12 号蕾丝针
钩织要点
在铅笔粗细的棒状物上缠绕钩织线 20 圈，做成环状开始钩织，随后加入芯线进行钩织。

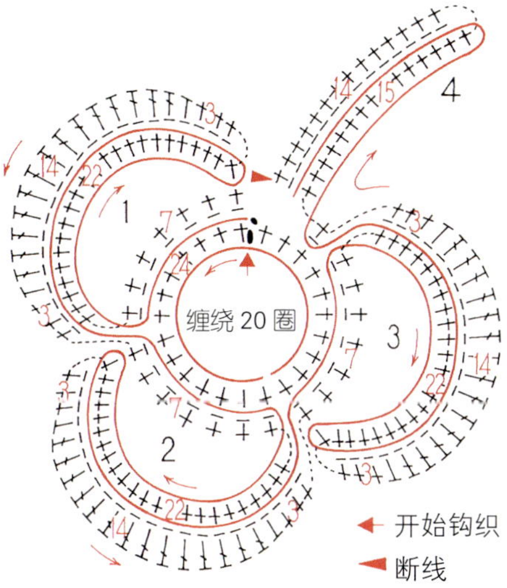

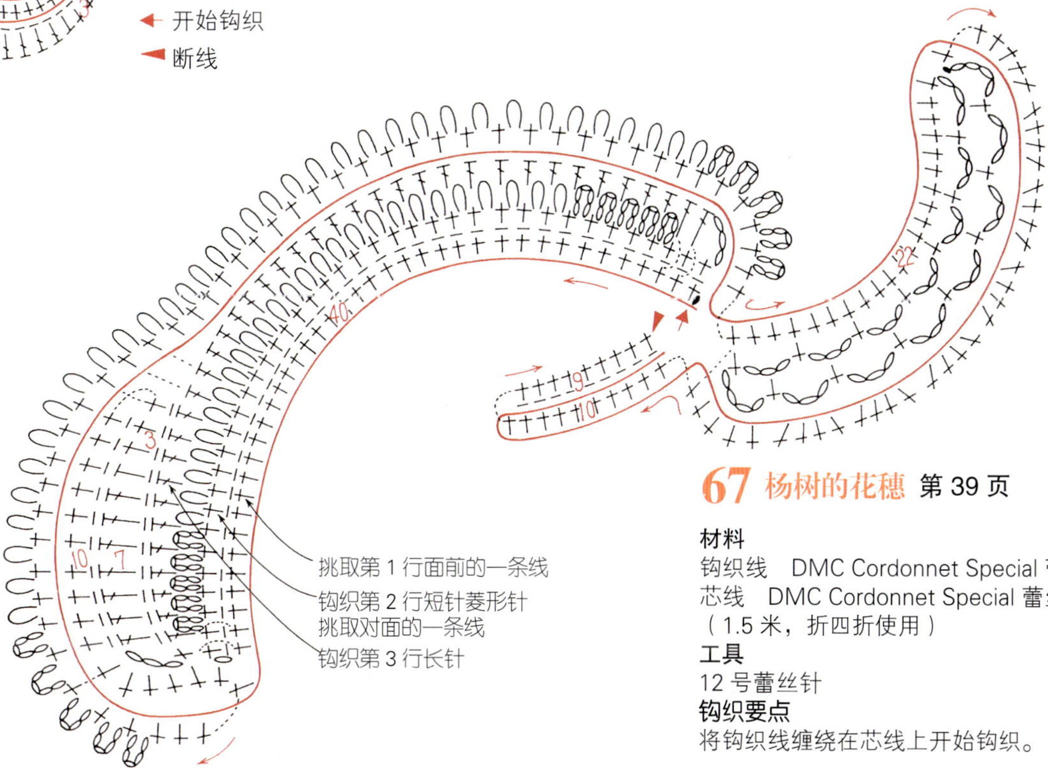

67 杨树的花穗　第 39 页

材料
钩织线　DMC Cordonnet Special 蕾丝线 40 号
芯线　DMC Cordonnet Special 蕾丝线 10 号
（1.5 米，折四折使用）
工具
12 号蕾丝针
钩织要点
将钩织线缠绕在芯线上开始钩织。

60
61
62
63

64

65

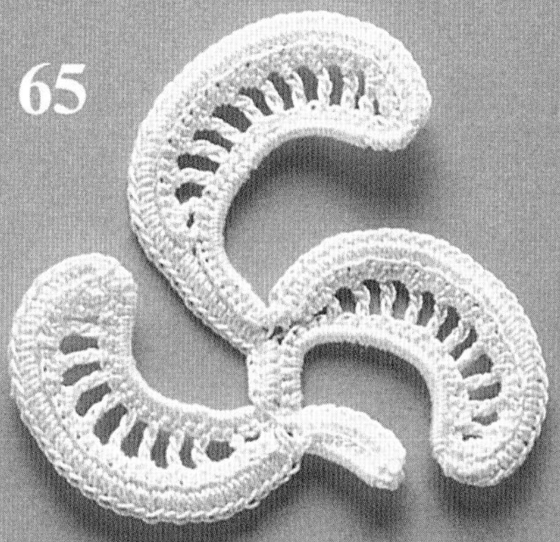

66

67

钩织方法 /60、65 见第 40 页　61、62 见第 41 页　63 见第 106 页　64 见第 107 页　66 见第 108 页　67 见第 37 页

60 菊花 第 38 页

材料
钩织线 DMC Cordonnet Special 蕾丝线 40 号
芯线 DMC Cordonnet Special 蕾丝线 10 号
（4 米，折四折使用）
工具
12 号蕾丝针
钩织要点
将钩织线绕在手指上使之成环状开始钩织，随后加入芯线进行钩织。第一瓣、第二瓣连续钩织，将每一瓣花瓣的开始3针与结束3针连在一起。花心另行钩织，中间放入面纸做成球状，缝在中心。

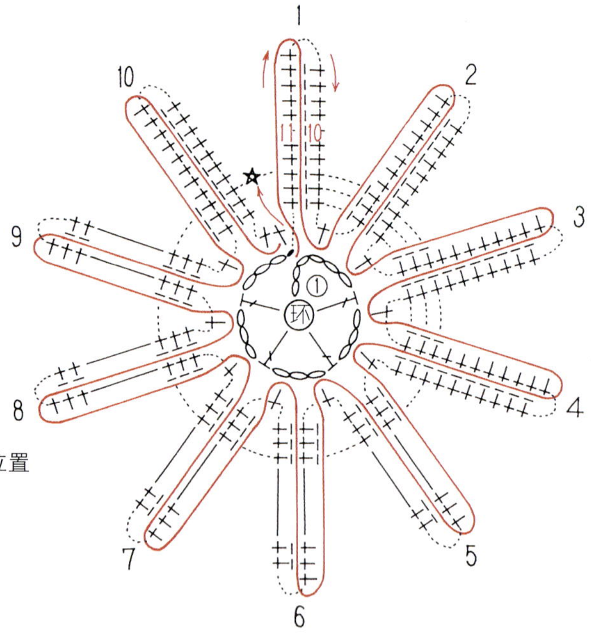

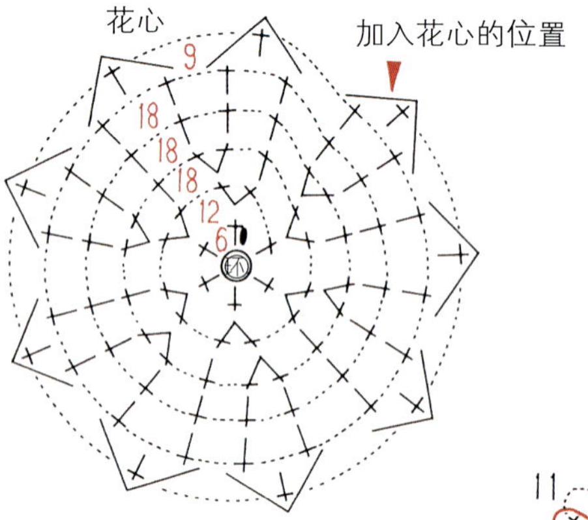

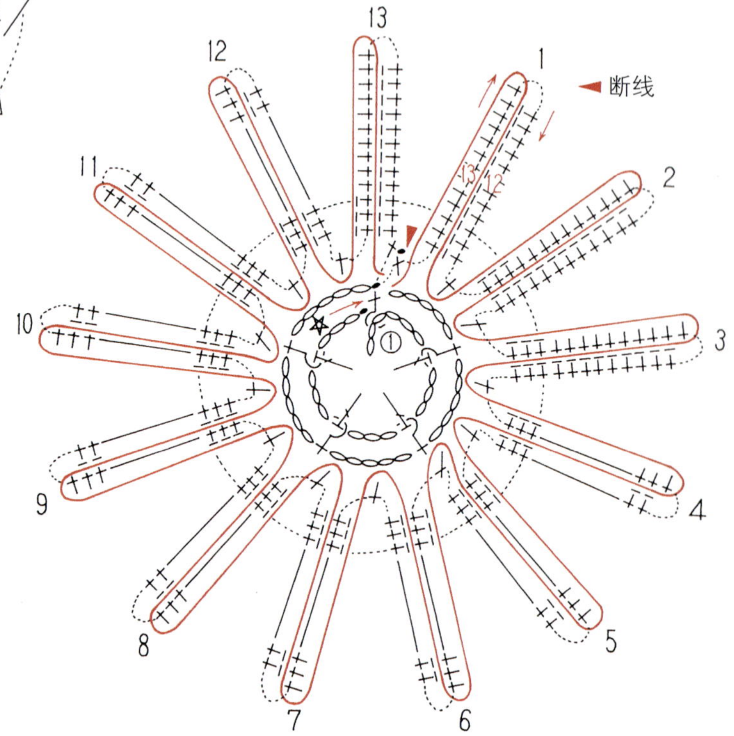

65 嫩叶 第 39 页

材料
钩织线 DMC Cordonnet Special 蕾丝线 40 号
芯线 DMC Cordonnet Special 蕾丝线 10 号
（2 米，折四折使用）
工具
12 号蕾丝针
钩织要点
将钩织线缠绕在芯线上开始钩织。

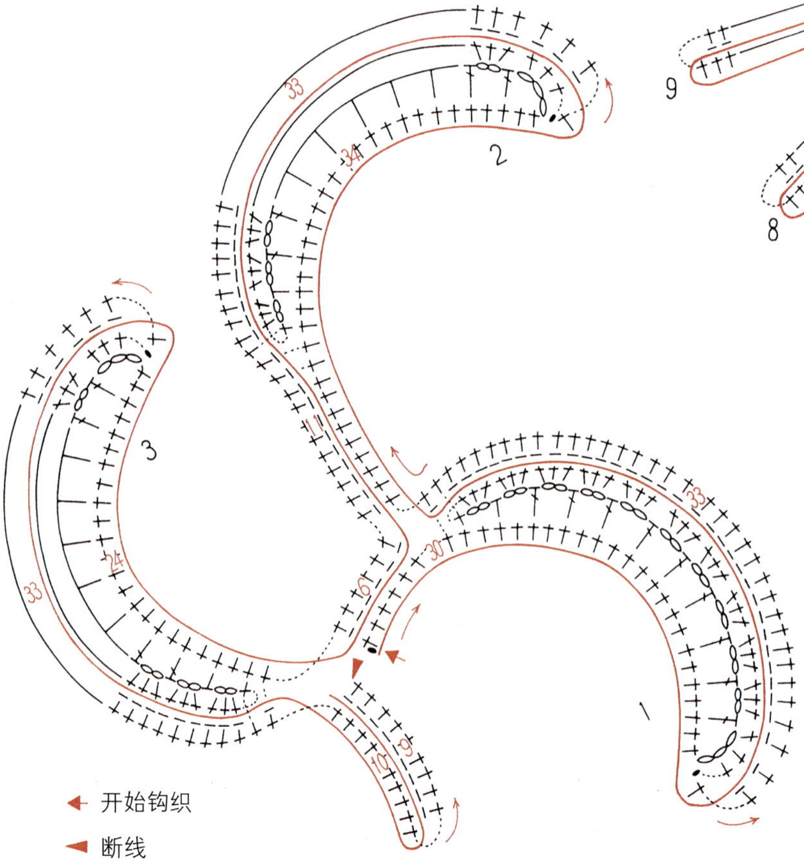

62 水芹花　第 38 页

材料
钩织线　DMC Cordonnet Special 蕾丝线 40 号
芯线　DMC Cordonnet Special 蕾丝线 10 号
（3 米，折四折使用）
工具
12 号蕾丝针
钩织要点
在 9 号棒针上缠绕钩织线 20 圈，做成环状开始钩织，随后加入芯线进行钩织。

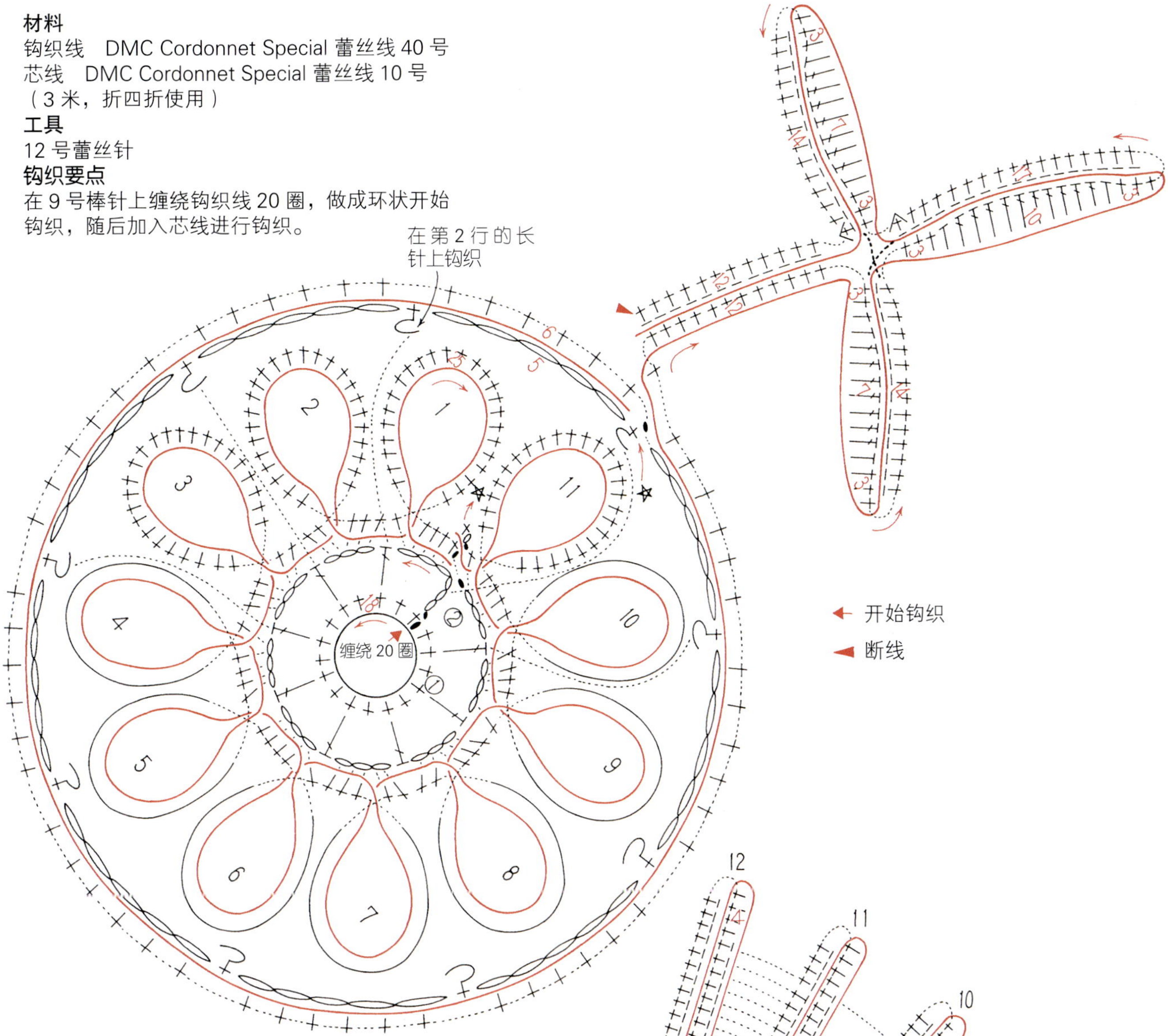

◀ 开始钩织
◀ 断线

61 扇子　第 38 页

材料
钩织线　DMC Cordonnet Special 蕾丝线 40 号
芯线　DMC Cordonnet Special 蕾丝线 10 号
（5 米，折四折使用）
工具
12 号蕾丝针
钩织要点
在铅笔粗细的棒状物上缠绕钩织线 20 圈，做成环状开始钩织，随后加入芯线进行钩织。

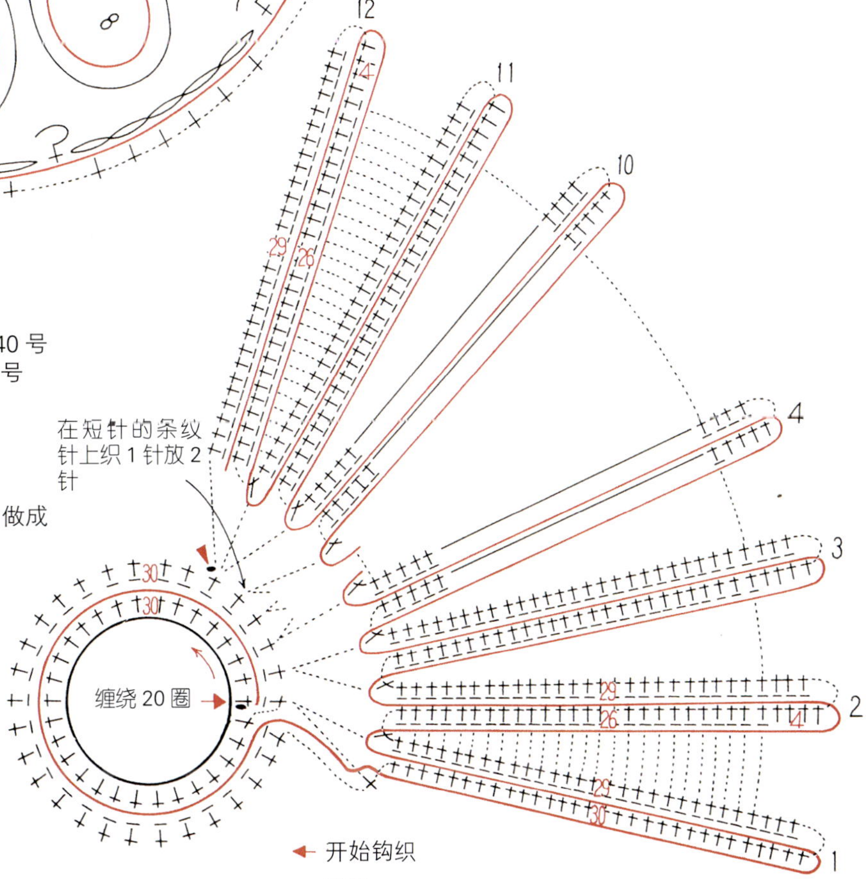

◀ 开始钩织
◀ 断线

68

69

70

71

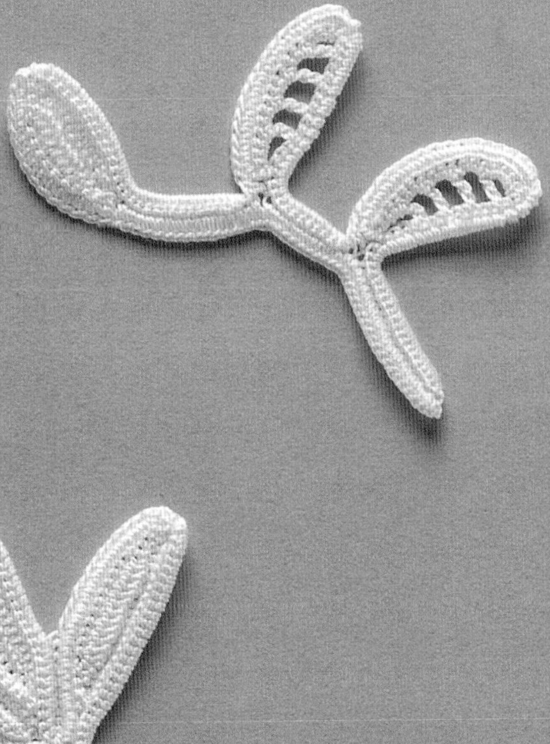

72

钩织方法 /68、71 见第 44 页　70、72 见第 45 页　69 见第 107 页

68 一簇三叶草　第 42 页

材料
钩织线　DARUMA 黄金系列蕾丝线 40 号
芯线　DARUMA 比马棉蕾丝线 20 号
（3 米，对折使用）
工具
12 号蕾丝针
钩织要点
将钩织线缠绕在芯线上开始钩织。

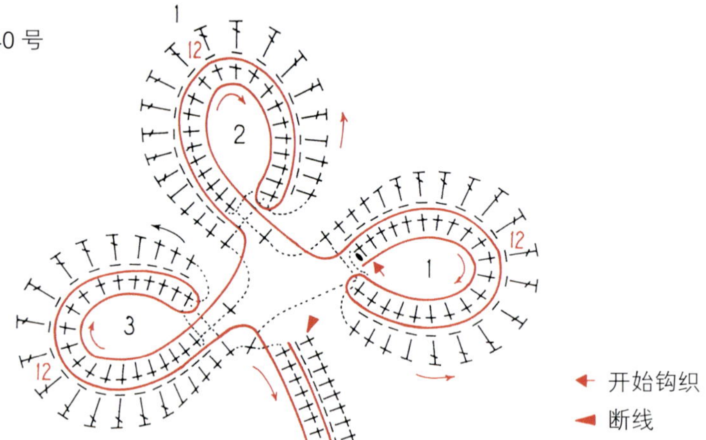

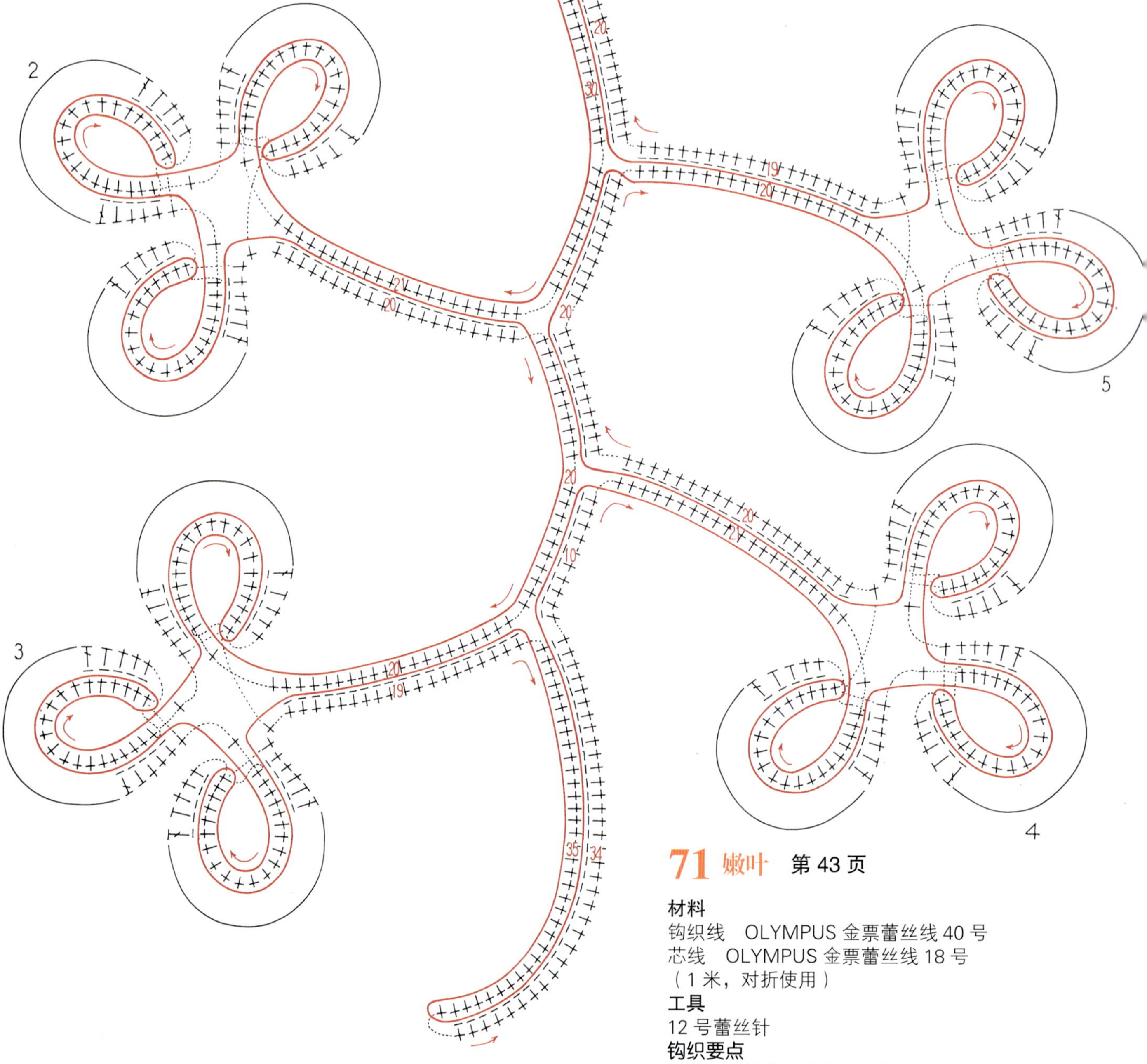

71 嫩叶　第 43 页

材料
钩织线　OLYMPUS 金票蕾丝线 40 号
芯线　OLYMPUS 金票蕾丝线 18 号
（1 米，对折使用）
工具
12 号蕾丝针
钩织要点
将钩织线缠绕在芯线上开始钩织。

70 大丽花　第 43 页

材料

钩织线　SKI 蕾丝线 40 号

芯线　SKI 蕾丝线 20 号

（3 米，对折使用）

工具

12 号蕾丝针

钩织要点

将钩织线缠绕在芯线上开始钩织。花心是在铅笔粗细的棒状物上缠绕钩织线 30 圈，做成环状开始钩织，最后将两部分缝合在一起。

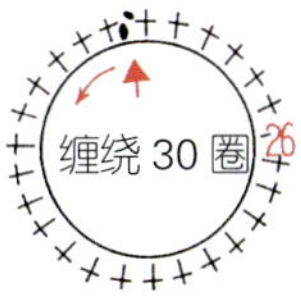

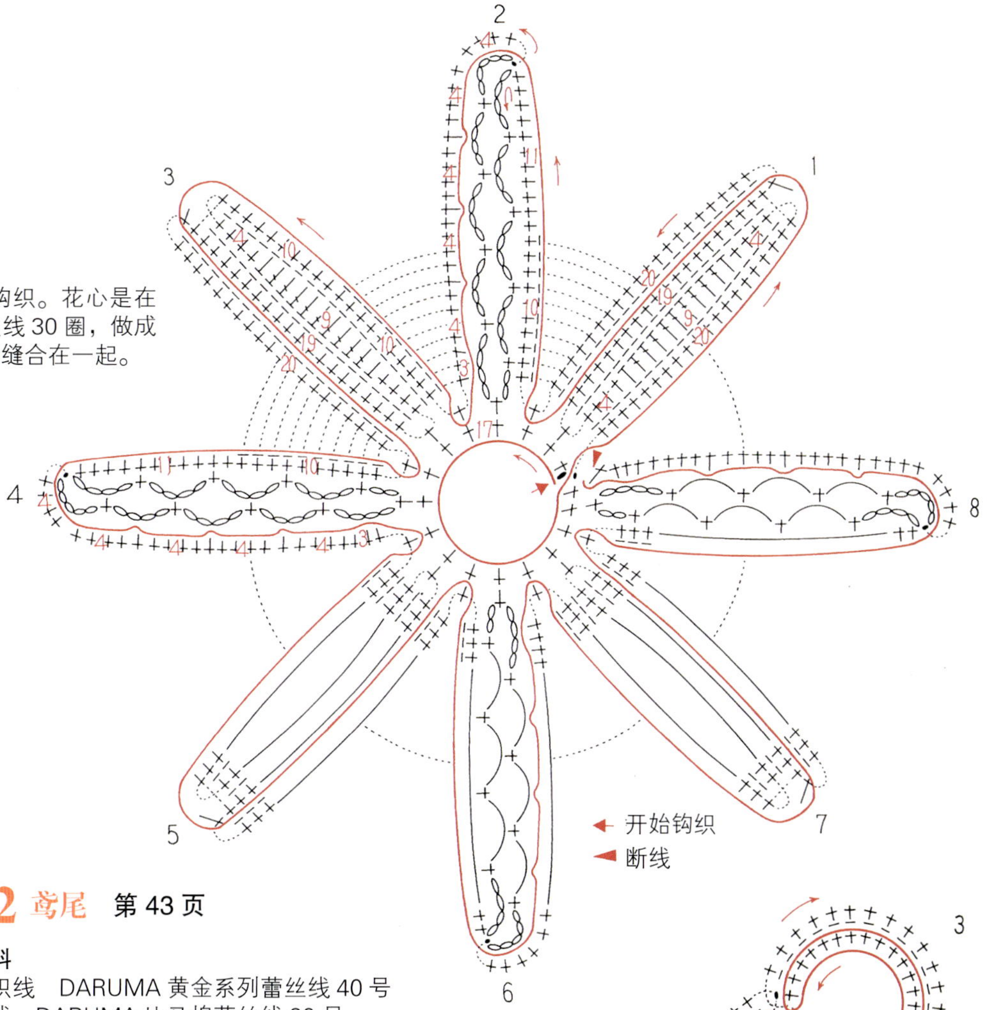

72 鸢尾　第 43 页

材料

钩织线　DARUMA 黄金系列蕾丝线 40 号

芯线　DARUMA 比马棉蕾丝线 20 号

（1.8 米，对折使用）

工具

12 号蕾丝针

钩织要点

将钩织线缠绕在芯线上开始钩织。

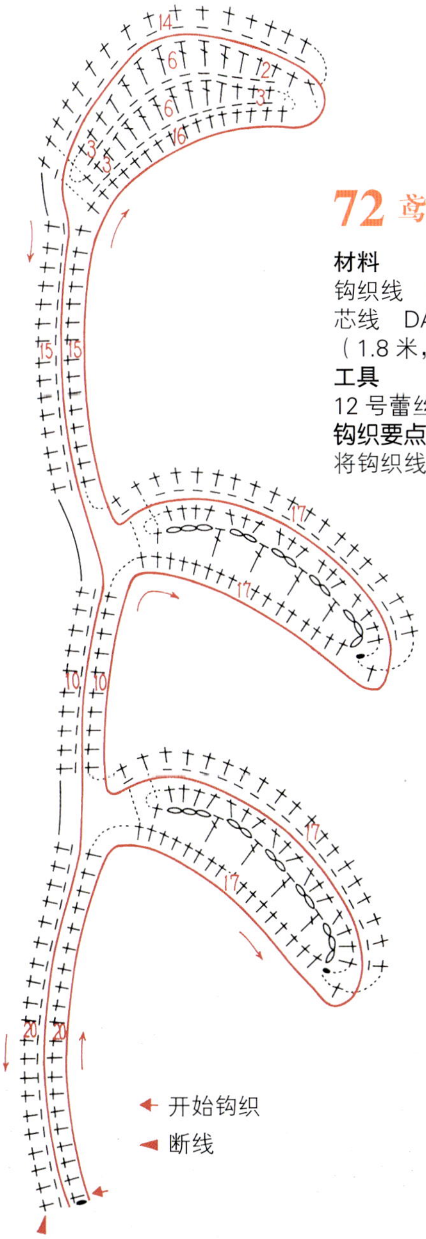

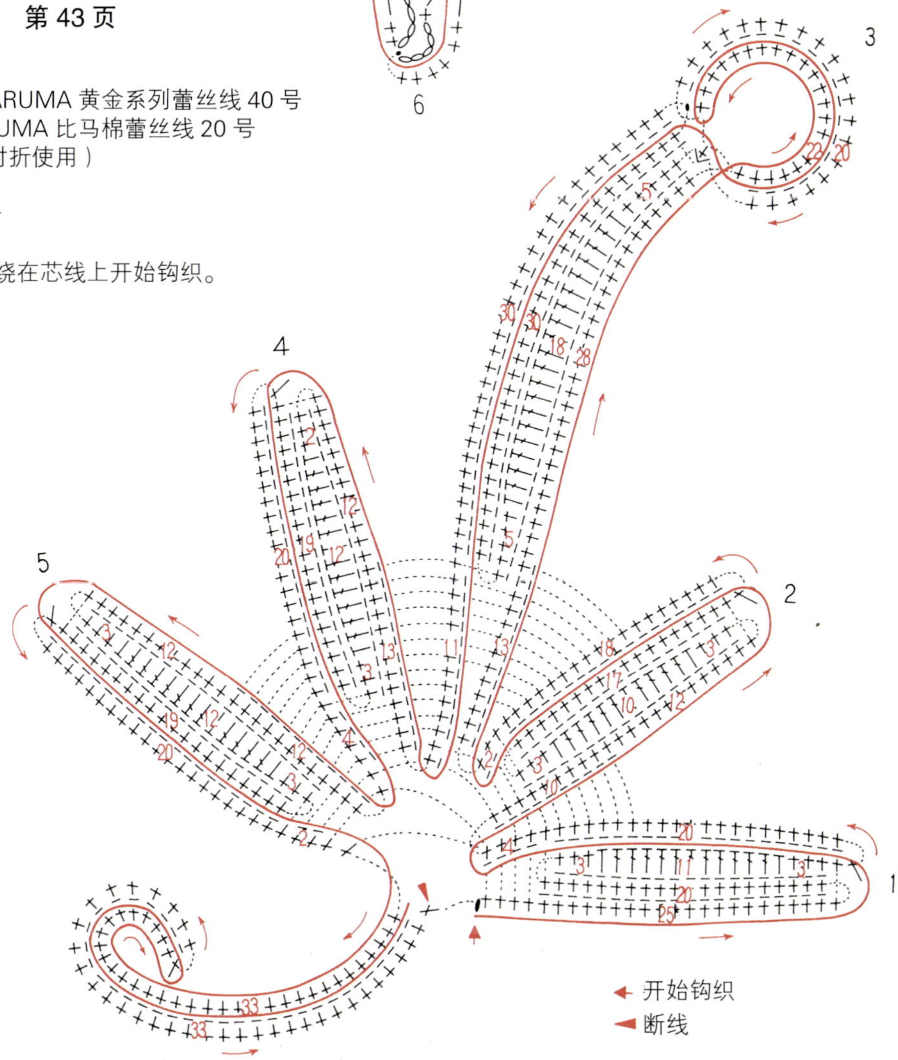

钩织方法/73、75 见第 48 页　76 见第 49 页　74 见第 109 页　77 见第 108 页

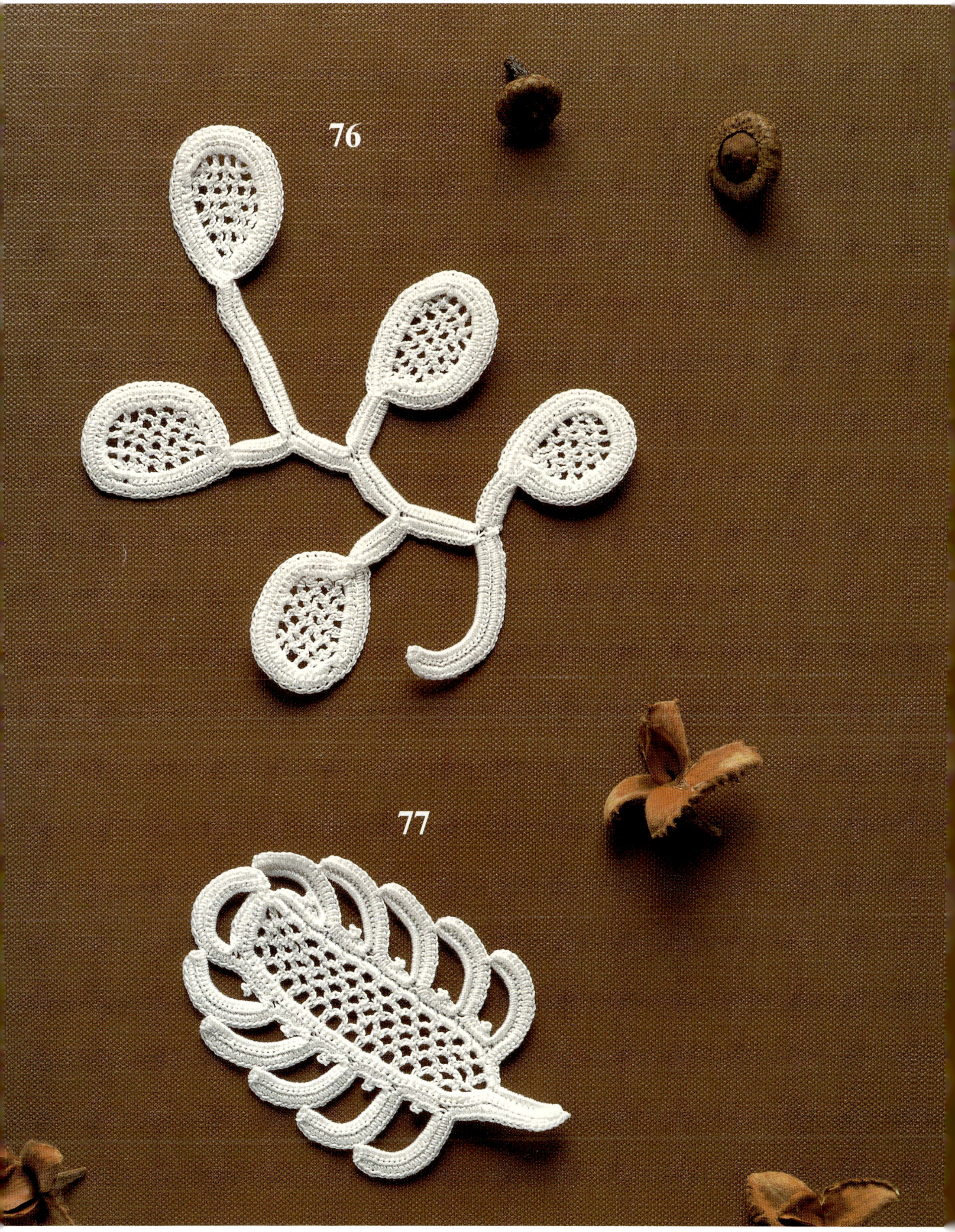
76
77

75 大豆的叶子　第 46 页

材料
钩织线　DMC Cordonnet Special 蕾丝线 40
芯线　DMC Cordonnet Special 蕾丝线 10 号
（3 米，折四折使用）
工具
12 号蕾丝针
钩织要点
将钩织线缠绕在芯线上开始钩织。

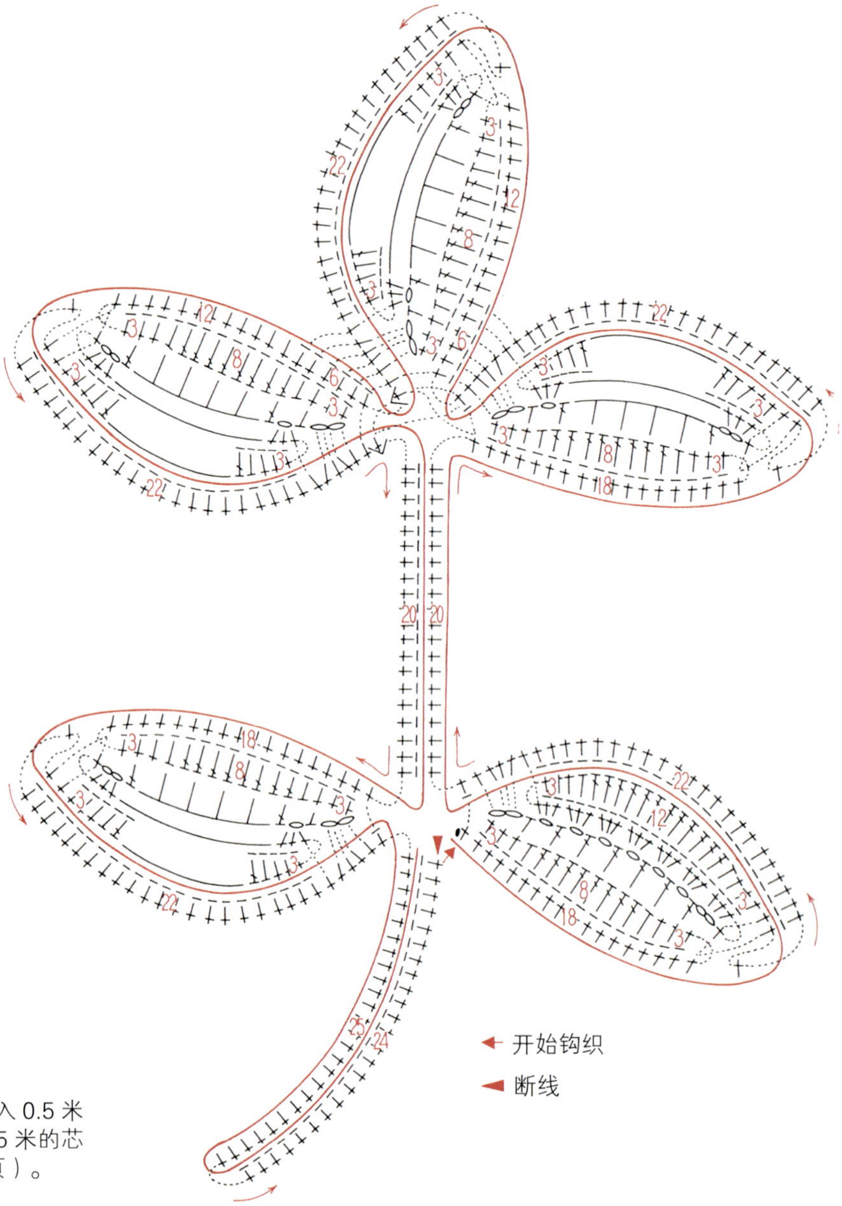

73 橡树子和橡树叶子　第 46 页

材料
钩织线　OLYMPUS 金票蕾丝线 40 号
芯线　OLYMPUS 金票蕾丝线 18 号
（两根分别 1.5 米、0.5 米，对折使用）
工具
12 号蕾丝针
钩织要点
橡子是用锁针的方法起针开始钩织，随后加入 0.5 米的芯线进行钩织。叶子是将钩织线缠绕在 1.5 米的芯线上开始钩织（叶子的钩织方法详见第 74 页）。

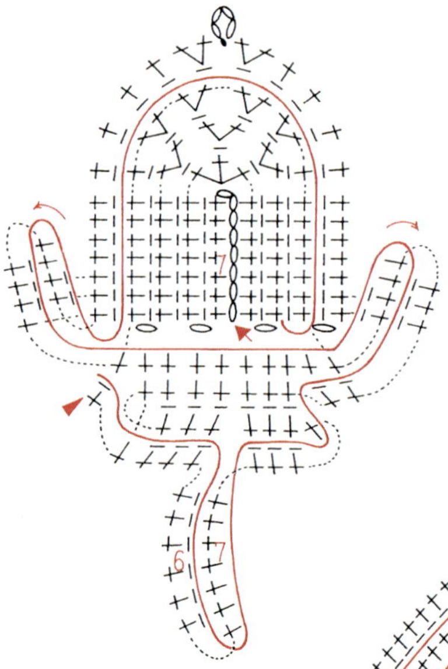

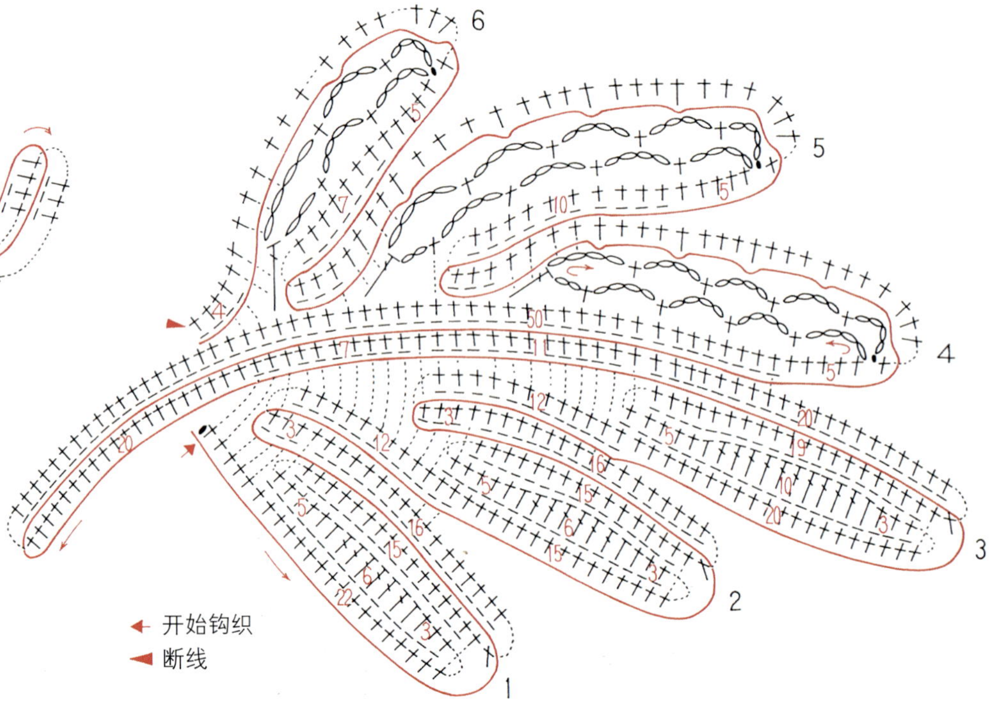

76 树的果实　第 47 页

材料

钩织线　DMC Cordonnet Special 蕾丝线 40 号

芯线　DMC Cordonnet Special 蕾丝线 10 号

（6 米，折四折使用）

工具

12 号蕾丝针

钩织要点

将钩织线缠绕在芯线上开始钩织。

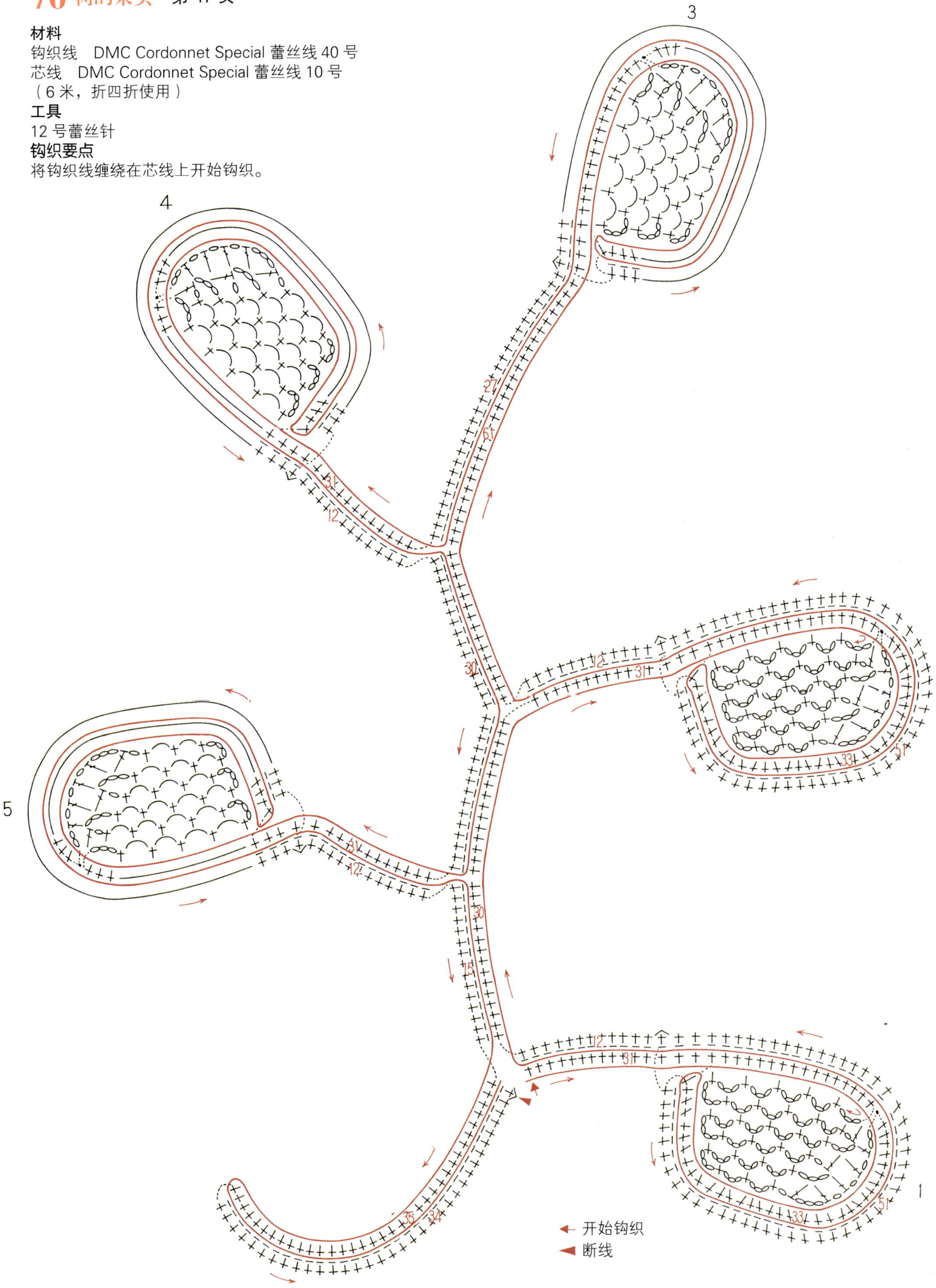

钩织方法 /78 见第 52 页　79、80、81 见第 53 页　82 见第 110 页　83 见第 109 页

80
81
82
83

78 鸢尾 第 50 页

材料

钩织线　DMC Cordonnet Special 蕾丝线 40 号

芯线　DMC Cordonnet Special 蕾丝线 10 号（5.5 米，折四折使用）

工具

12 号蕾丝针

钩织要点

在 9 号棒针上缠绕钩织线 10 圈，做成环状开始钩织，随后加入芯线进行钩织。花心是在直径 1.5 厘米的棒状物上缠绕钩织线 30 圈，钩织成环状，最后将两部分缝合在一起。

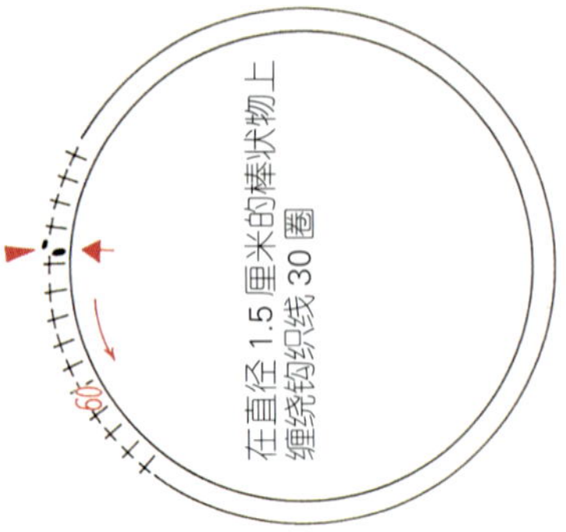

开始钩织

断线

79 三个圈的三叶草 第 50 页

材料

钩织线　OLYMPUS 金票蕾丝线 40 号

芯线　OLYMPUS 金票蕾丝线 18 号

（1.5 米，对折使用）

工具

12 号蕾丝针

钩织要点

先在 9 号棒针上分别缠绕钩织线 20 圈，制作出中心的圈 2、3，再从圈 1 开始加入芯线进行钩织。

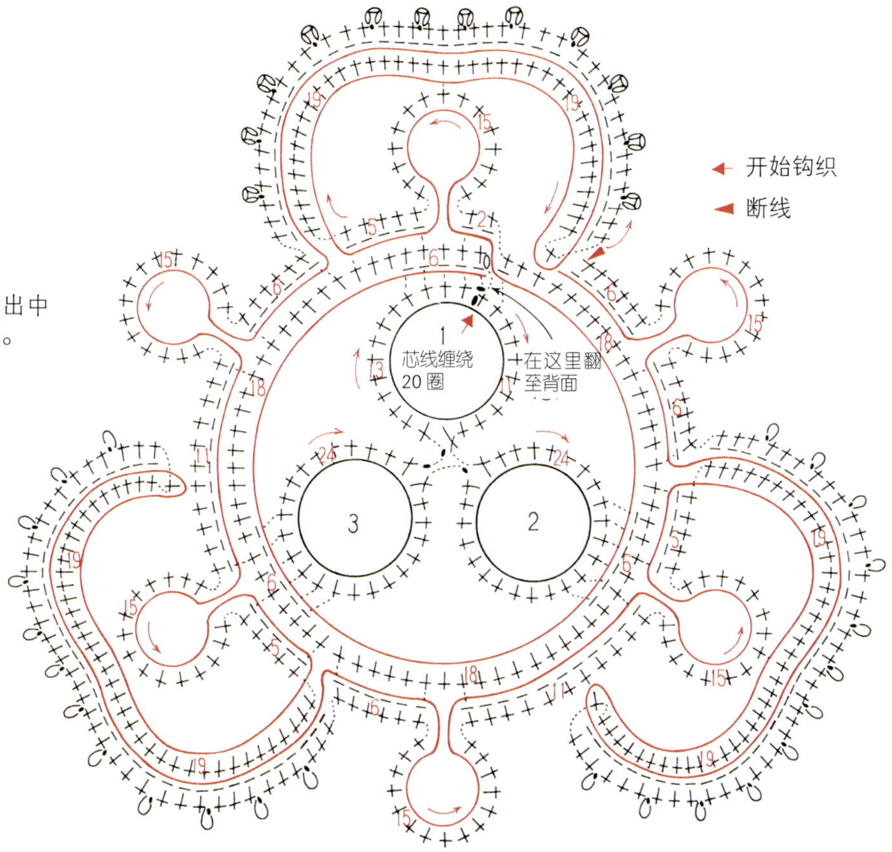

开始钩织

断线

81 风车 第 51 页

材料

钩织线　DARUMA 黄金系列蕾丝线 40 号

芯线　DARUMA 比马棉蕾丝线 20 号

（1.5 米，对折使用）

工具

12 号蕾丝针

钩织要点

在 9 号棒针上缠绕钩织线 20 圈，做成环状开始钩织，随后加入芯线进行钩织。

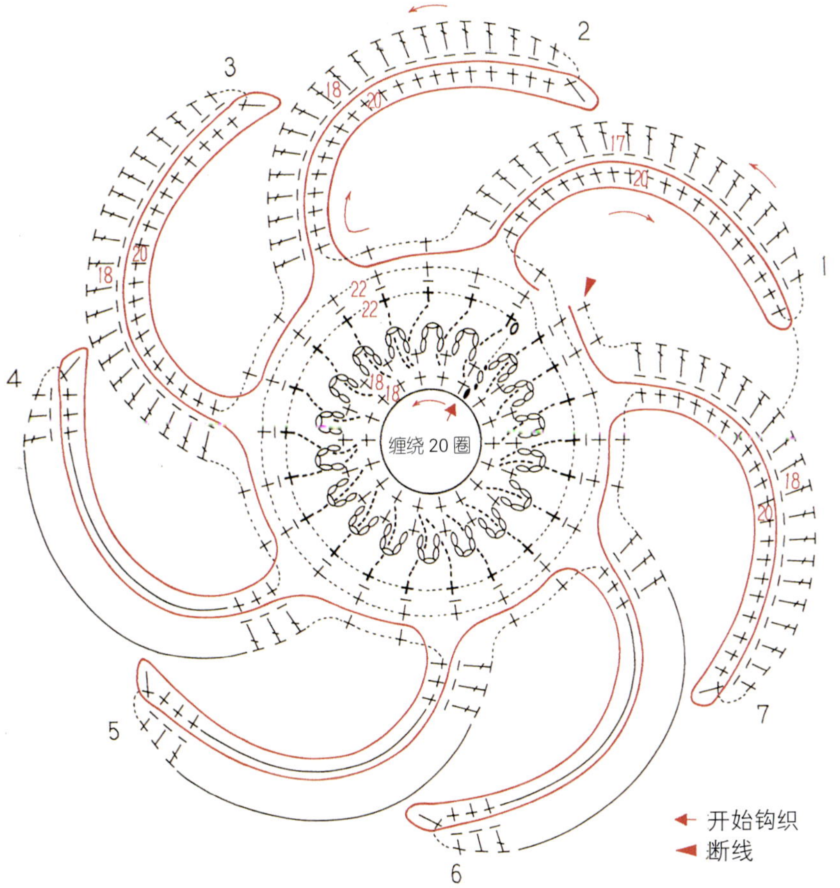

开始钩织

断线

80 四边形 第 51 页

材料

钩织线　SKI 蕾丝线 40 号

芯线　SKI 蕾丝线 20 号

（2 米，对折使用）

工具

8 号蕾丝针

钩织要点

在中心位置以 10 针锁针做成环状开始钩织，随后加入芯线进行钩织。

开始钩织

断线

84
85
86
87

钩织方法 /84、86 见第 56 页　87、88 见第 57 页　85 见第 110 页　89 见第 71 页

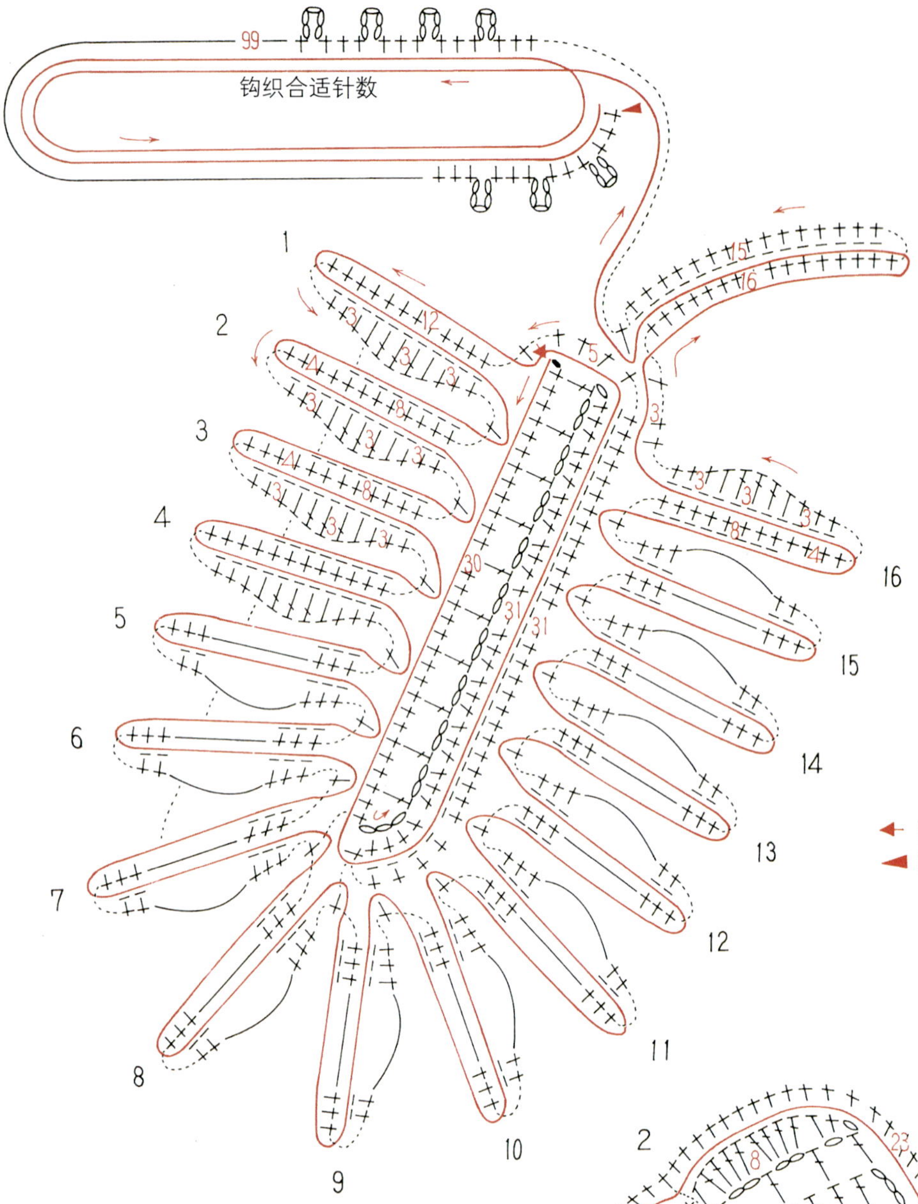

84 梳子形的花　第 54 页

材料

钩织线　DARUMA 黄金系列蕾丝线 40 号
芯线　DARUMA 比马棉蕾丝线 20 号
（2 米，对折使用）

工具

12 号蕾丝针

钩织要点

将钩织线缠绕在芯线上开始钩织，花心也连在一起钩织。

开始钩织
断线

86 花菱草　第 54 页

材料

钩织线　DARUMA 黄金系列蕾丝线 40 号
芯线　DARUMA 比马棉蕾丝线 20 号
（1 米，对折使用）

工具

12 号蕾丝针

钩织要点

在铅笔粗细的棒状物上缠绕钩织线 20 圈，做成环状开始钩织，随后加入芯线进行钩织。

开始钩织
断线

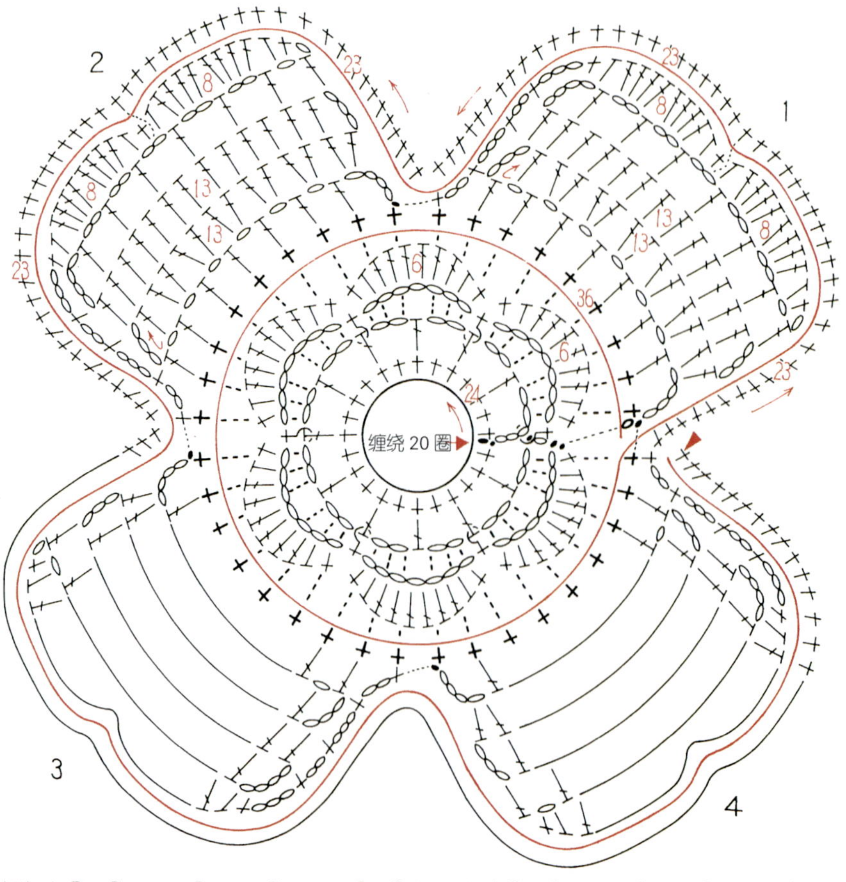

88 雏菊　第 55 页

材料
钩织线　OLYMPUS 金票蕾丝线 40 号
芯线　OLYMPUS 金票蕾丝线 18 号
（2 米，对折使用）

工具
12 号蕾丝针

钩织要点
将钩织线绕在手指上成为环状开始钩织，随后加入芯线进行钩织。花心另行钩织，中间放入铺平的面巾纸撑起，缝在花的中心。

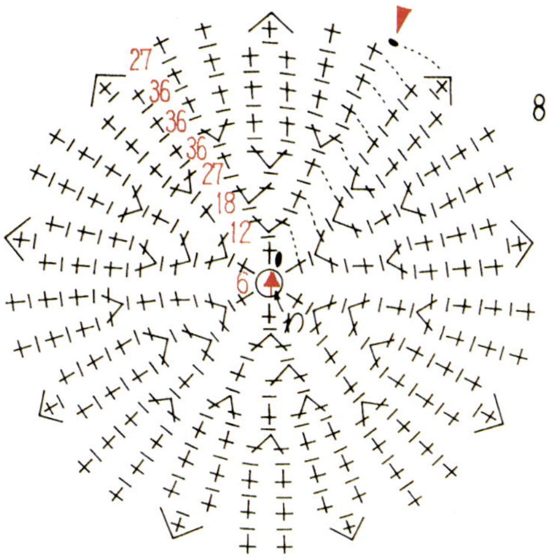

※ 将背面作为正面使用

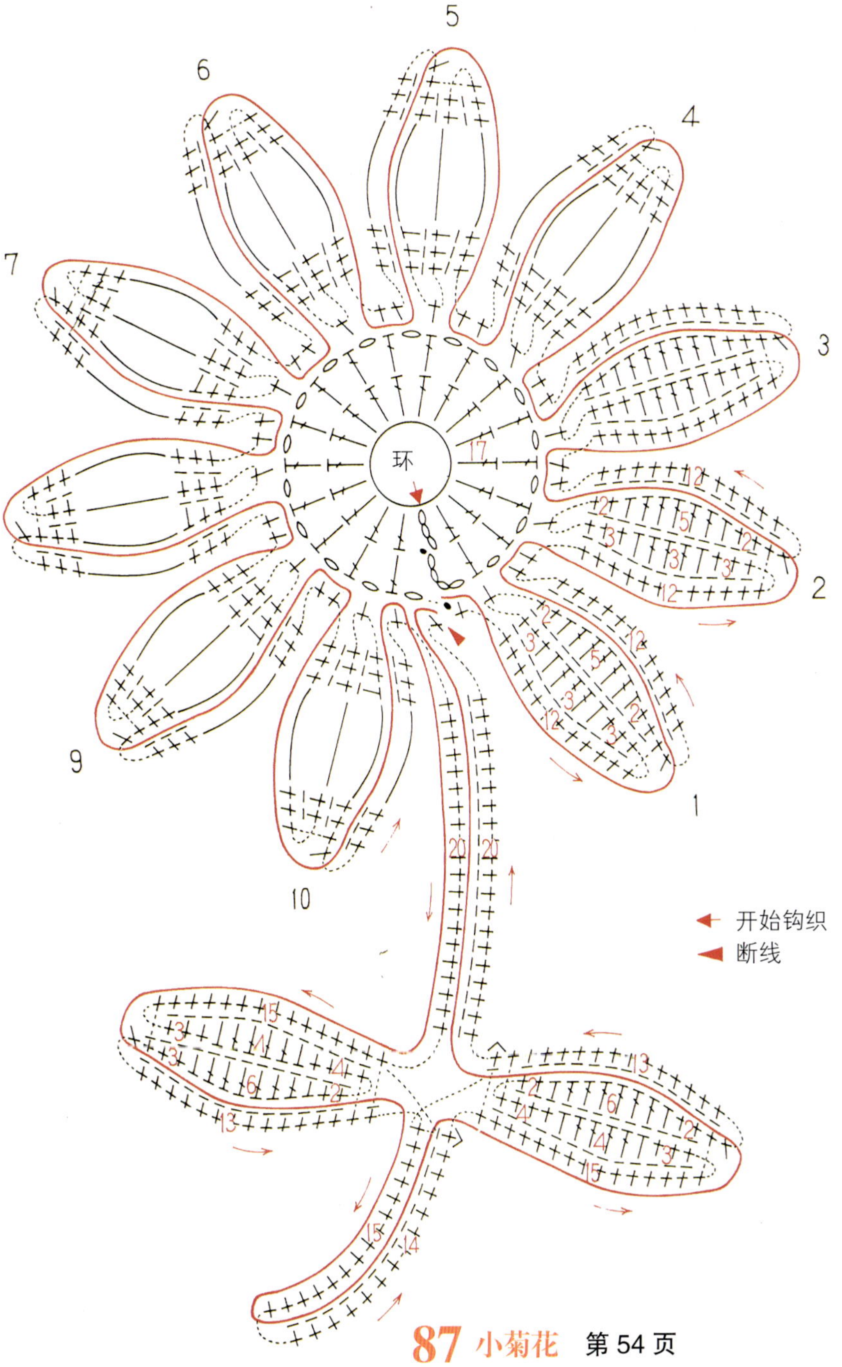

开始钩织
断线

87 小菊花　第 54 页

材料
钩织线　DARUMA 黄金系列蕾丝线 40 号
芯线　DARUMA 比马棉蕾丝线 20 号
（1 米，对折使用）

工具
12 号蕾丝针

钩织要点
将钩织线缠绕在芯线上开始钩织。

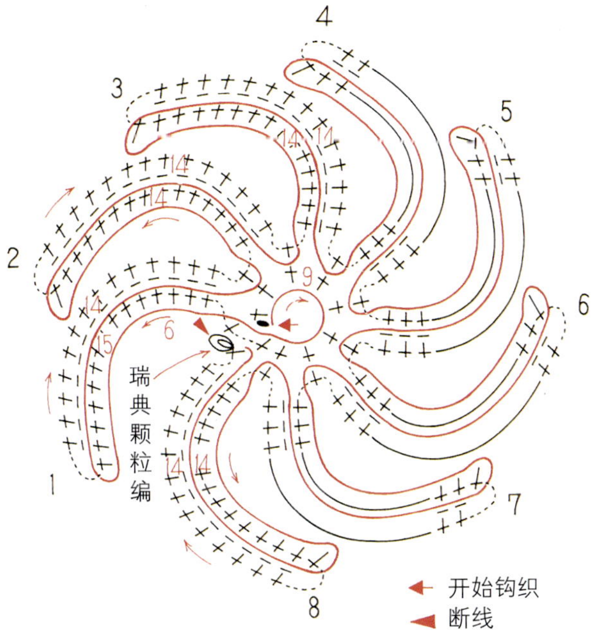

开始钩织
断线

瑞典颗粒编

（8 针中长针织成的瑞典颗粒编）

钩织方法/90、91 见第 60 页　92 见第 61 页　93 见第 66 页　94 见第 70 页

92
93
94

90 仙客来 第 58 页

材料

钩织线　DMC Cordonnet Special 蕾丝线 40 号

芯线　DMC Cordonnet Special 蕾丝线 10 号

（3 米，折四折使用）

工具

12 号蕾丝针

钩织要点

将钩织线缠绕在芯线上开始钩织。

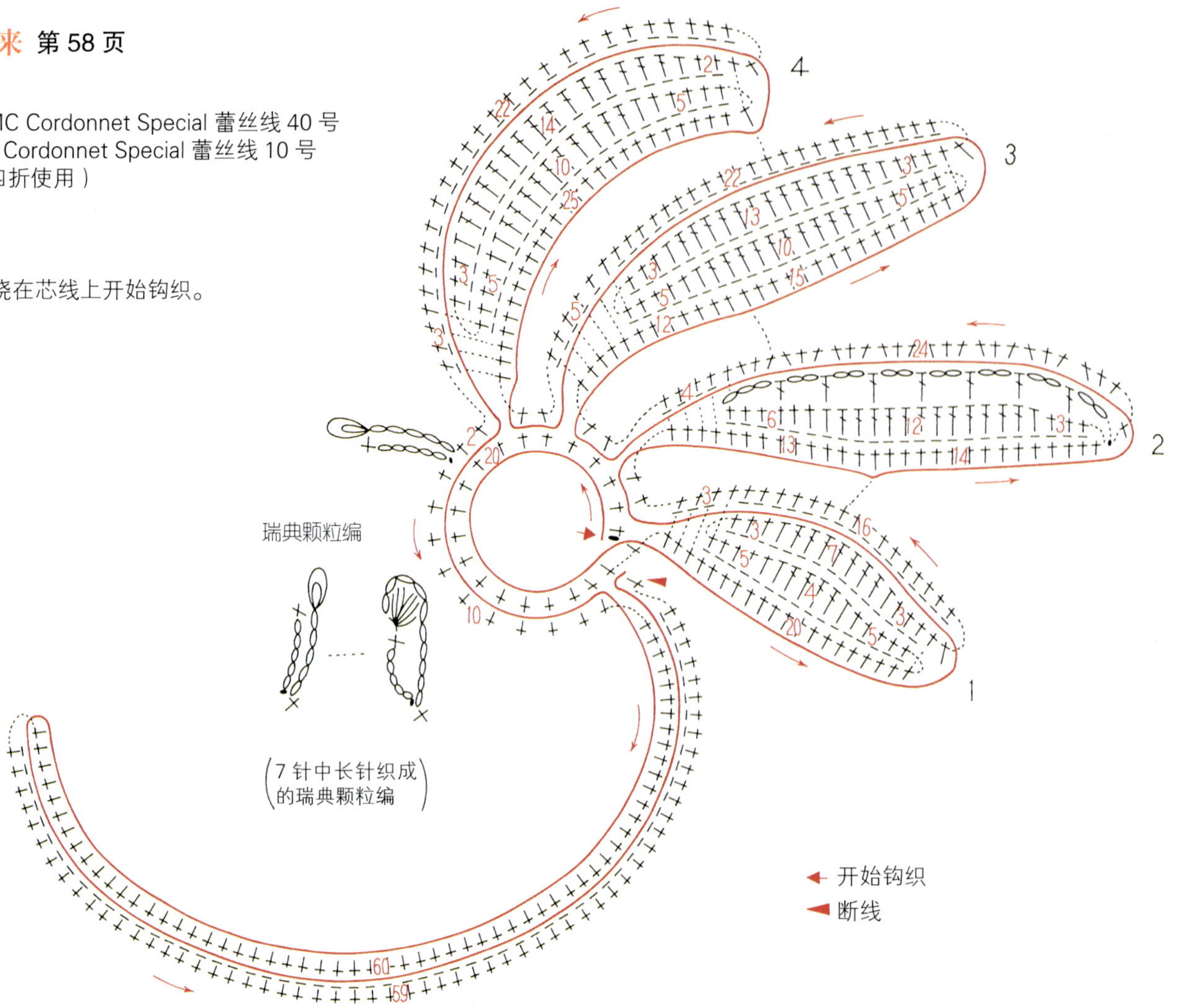

91 仙客来的叶子 第 58 页

材料

钩织线　DMC Cordonnet Special 蕾丝线 40 号

芯线　DMC Cordonnet Special 蕾丝线 10 号

（1.5 米，折四折使用）

工具

12 号蕾丝针

钩织要点

起 18 针锁针，由叶子的中心开始钩织，在钩织叶子的边的时候加入芯线进行钩织。

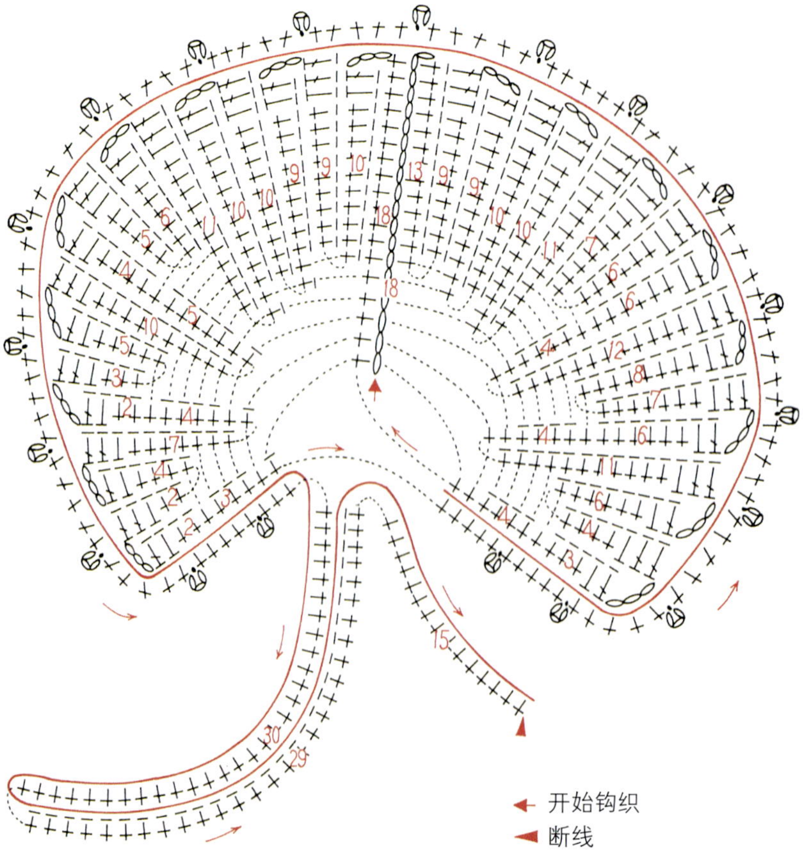

92 一簇紫苑　第 59 页

材料

钩织线　DMC Cordonnet Special 蕾丝线 40 号

芯线　DMC Cordonnet Special 蕾丝线 10 号

（5 米，折四折使用）

工具

12 号蕾丝针

钩织要点

将钩织线缠绕在芯线上开始钩织。

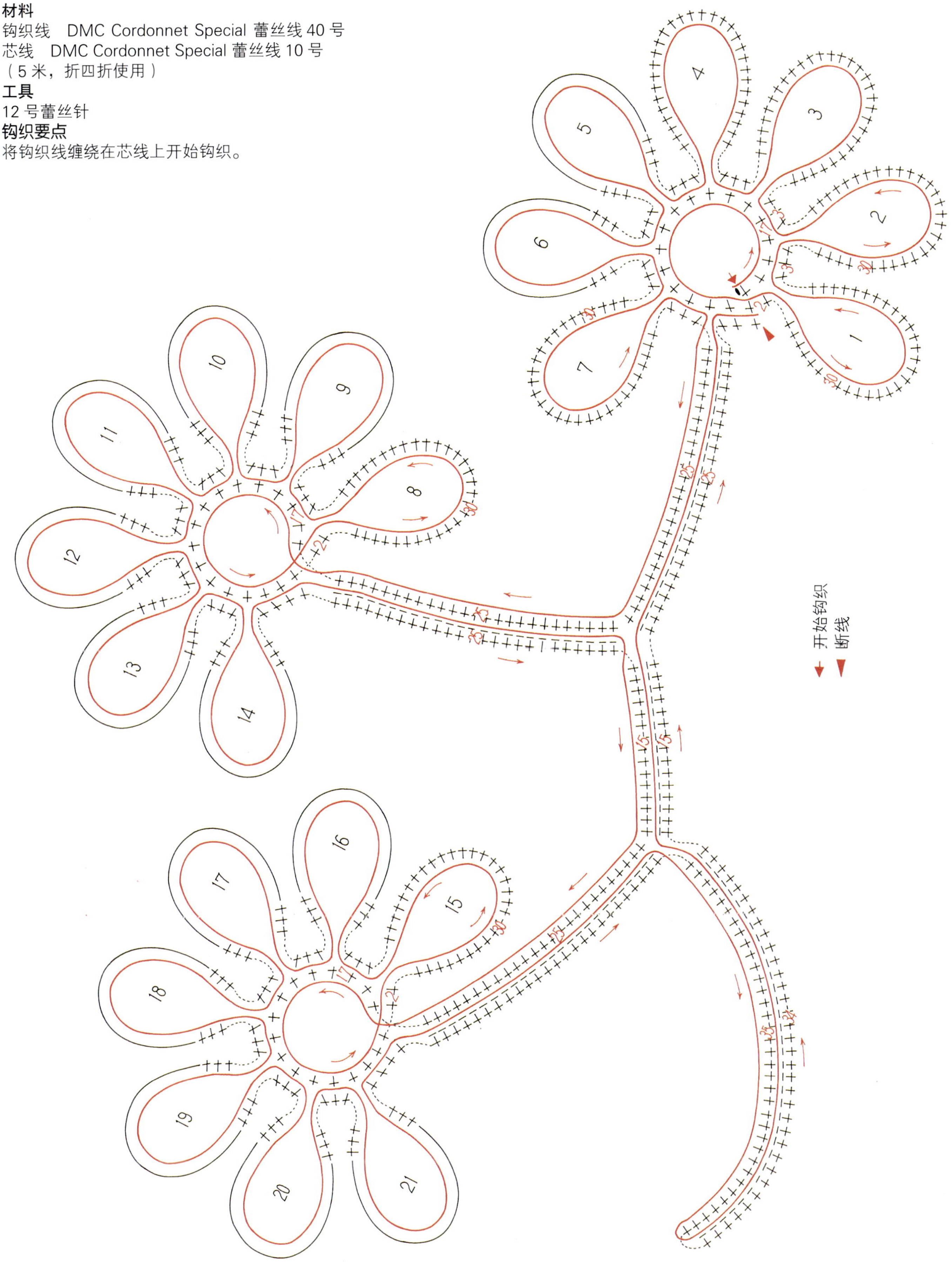

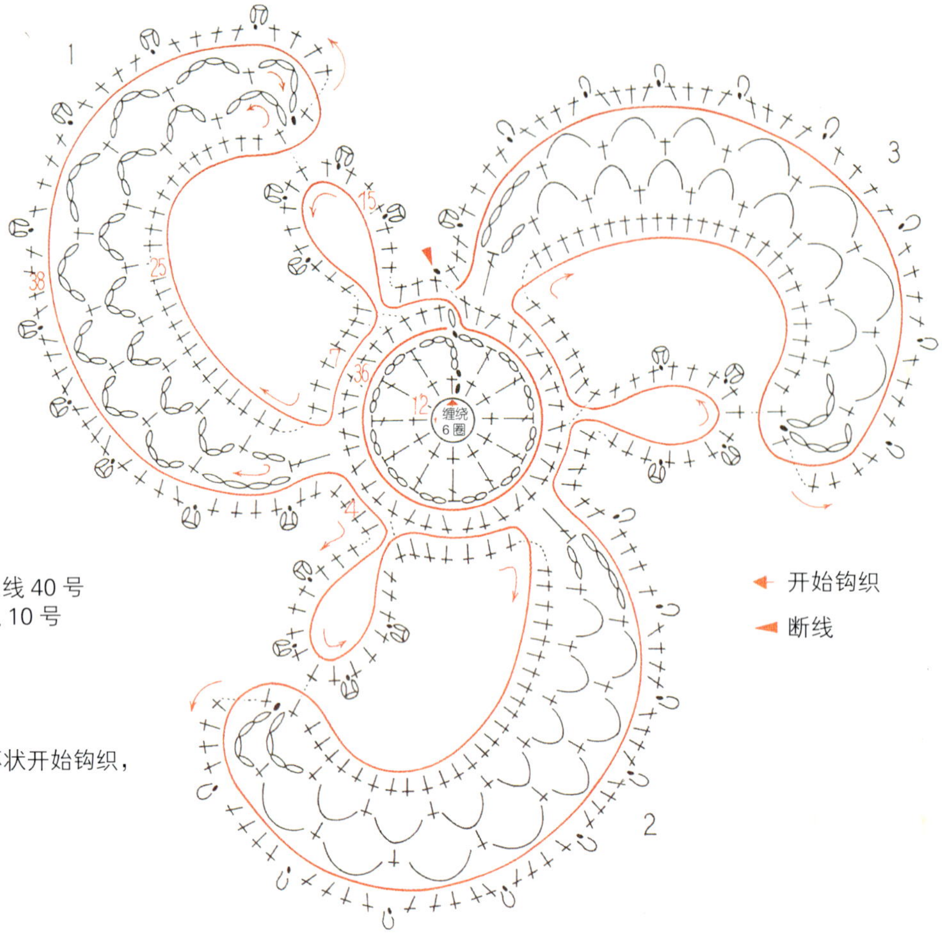

96 旋涡　第 63 页

材料
钩织线　DMC Cordonnet Special 蕾丝线 40 号
芯线　DMC Cordonnet Special 蕾丝线 10 号
（2 米，折四折使用）
工具
12 号蕾丝针
钩织要点
在 3 号棒针上缠绕钩织线 6 圈，做成环状开始钩织，随后加入芯线进行钩织。

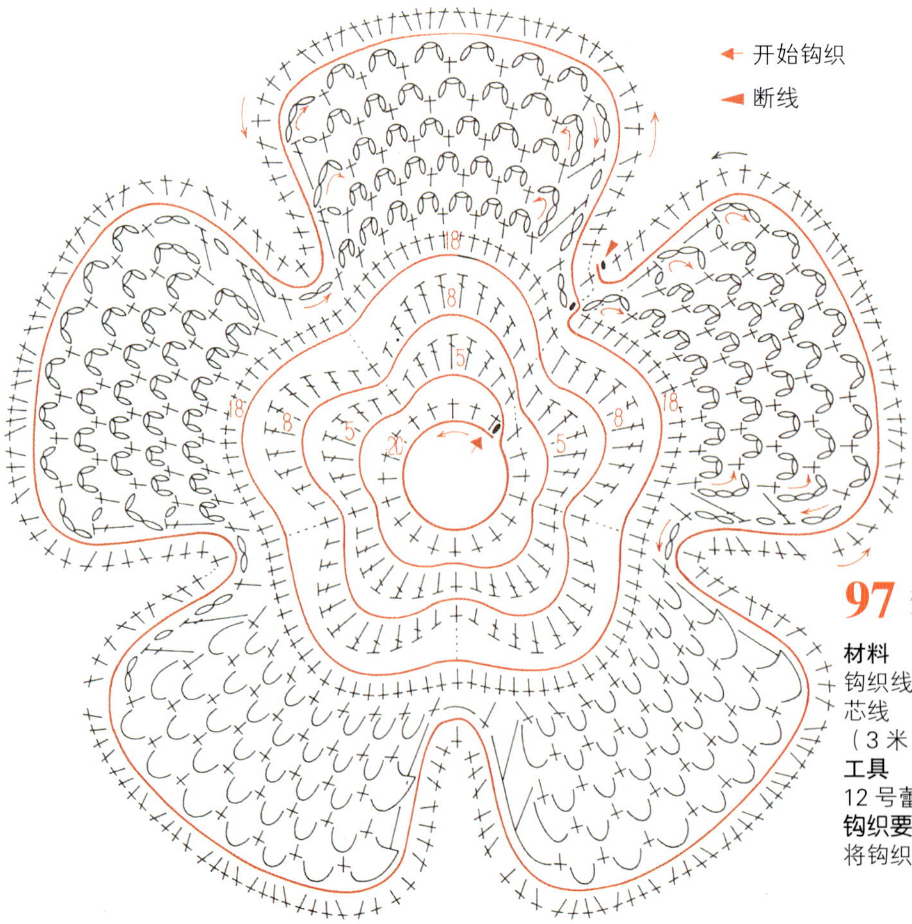

97 变化的玫瑰花　第 63 页

材料
钩织线　DMC Cordonnet Special 蕾丝线 40 号
芯线　DMC Cordonnet Special 蕾丝线 10 号
（3 米，折四折使用）
工具
12 号蕾丝针
钩织要点
将钩织线缠绕在芯线上开始钩织。

钩织方法 /96、97 见第 62 页　95 见第 66 页　98 见第 70 页

99 鸡冠花 第 65 页

材料
钩织线 DMC Cordonnet Special 蕾丝线 40 号
芯线 DMC Cordonnet Special 蕾丝线 10 号
（3 米，折四折使用）
工具
12 号蕾丝针
钩织要点
将钩织线缠绕在芯线上开始钩织。

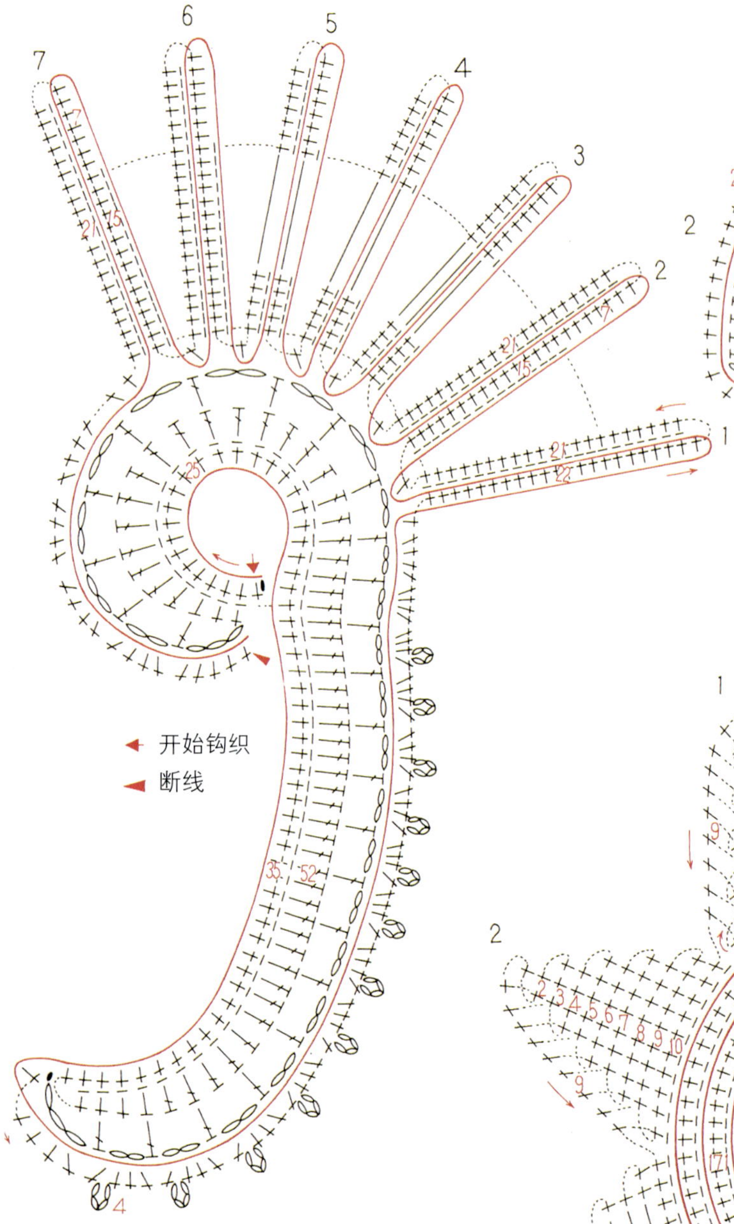

100 风铃草 第 65 页

材料
钩织线 DMC Cordonnet Special 蕾丝线 40 号
芯线 DMC Cordonnet Special 蕾丝线 10 号
（2 米，对折使用）
工具
12 号蕾丝针
钩织要点
将钩织线缠绕在芯线上开始钩织。

102 虞美人花 第 65 页

材料
钩织线 DMC Cordonnet Special 蕾丝线 40 号
芯线 DMC Cordonnet Special 蕾丝线 10 号
（1 米，折四折使用）
工具
12 号蕾丝针
钩织要点
在中心以 8 针锁针做成环开始钩织，在花瓣的周围加入芯线进行钩织。

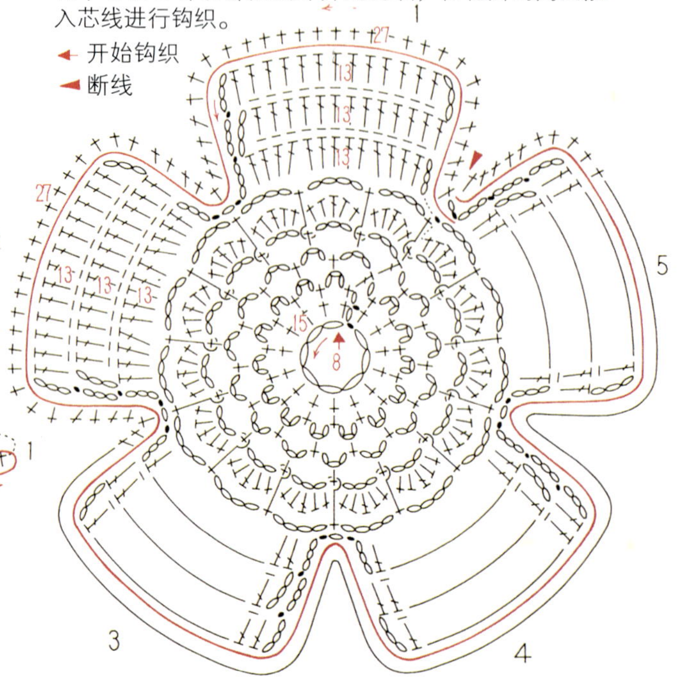

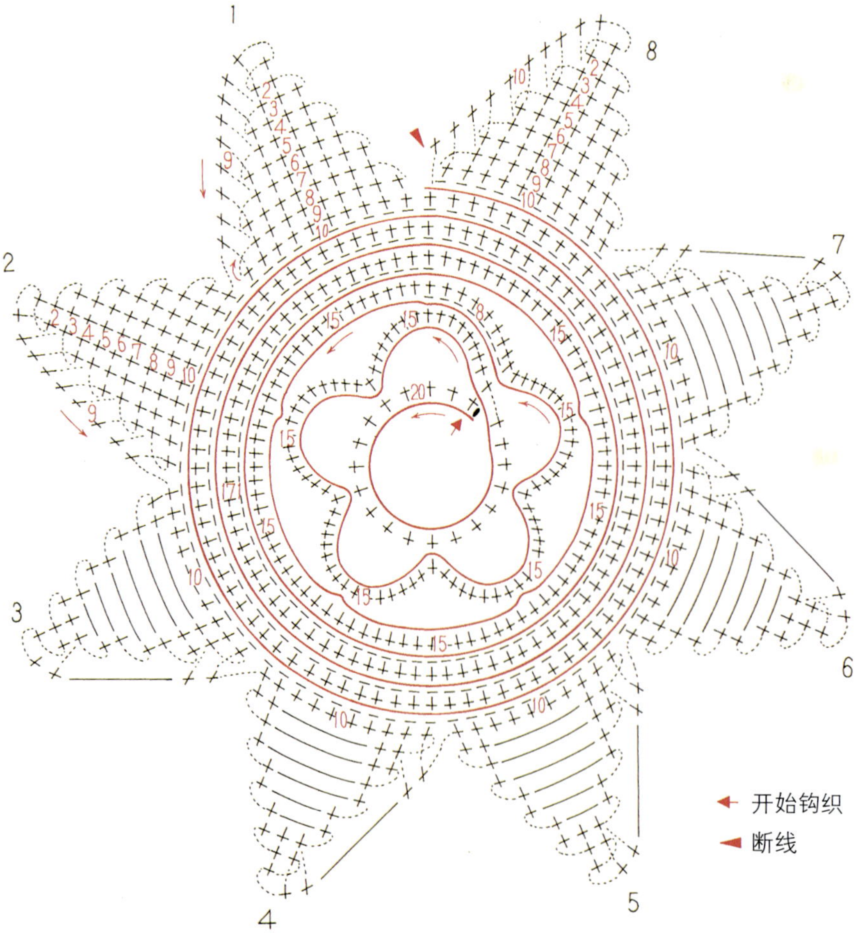

钩织方法/99、100、102见第64页　101见第67页

93 蓟 第 59 页

材料
钩织线　DMC Cordonnet Special 蕾丝线 40 号
芯线　DMC Cordonnet Special 蕾丝线 10 号
（3 米，折四折使用）
工具
12 号蕾丝针
钩织要点
将钩织线缠绕在芯线上开始钩织。

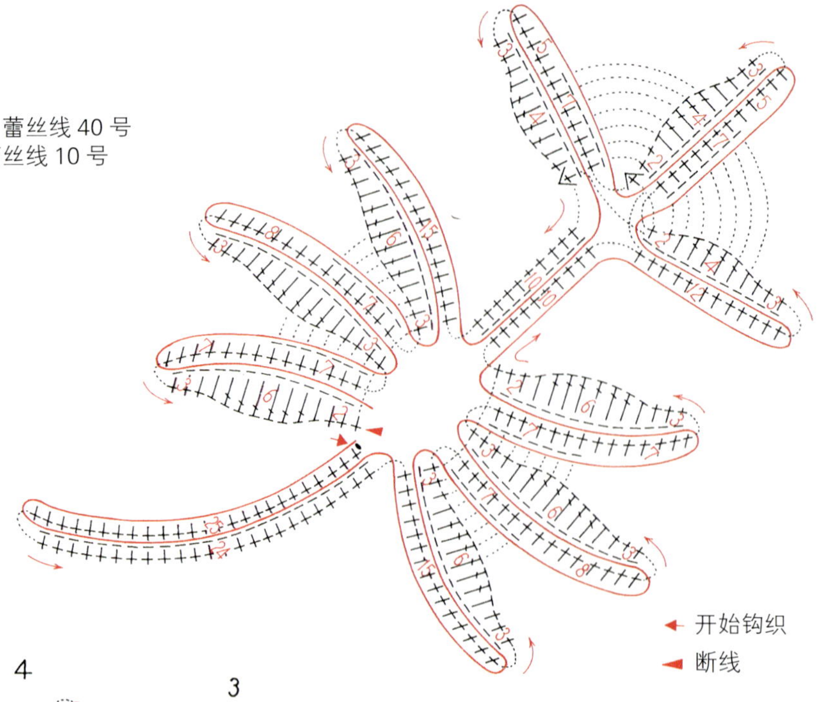

95 康乃馨 第 63 页

材料
钩织线　DMC Cordonnet Special 蕾丝线 40 号
芯线　DMC Cordonnet Special 蕾丝线 10 号
（6 米，折四折使用）
工具
12 号蕾丝针
钩织要点
在 9 号棒针上缠绕钩织线 10 圈，做成环状开始钩织，随后加入芯线进行钩织。花心是在直径 1.7 厘米左右的棒状物上缠绕 30 圈，开始钩织，最后将两部分缝合在一起。

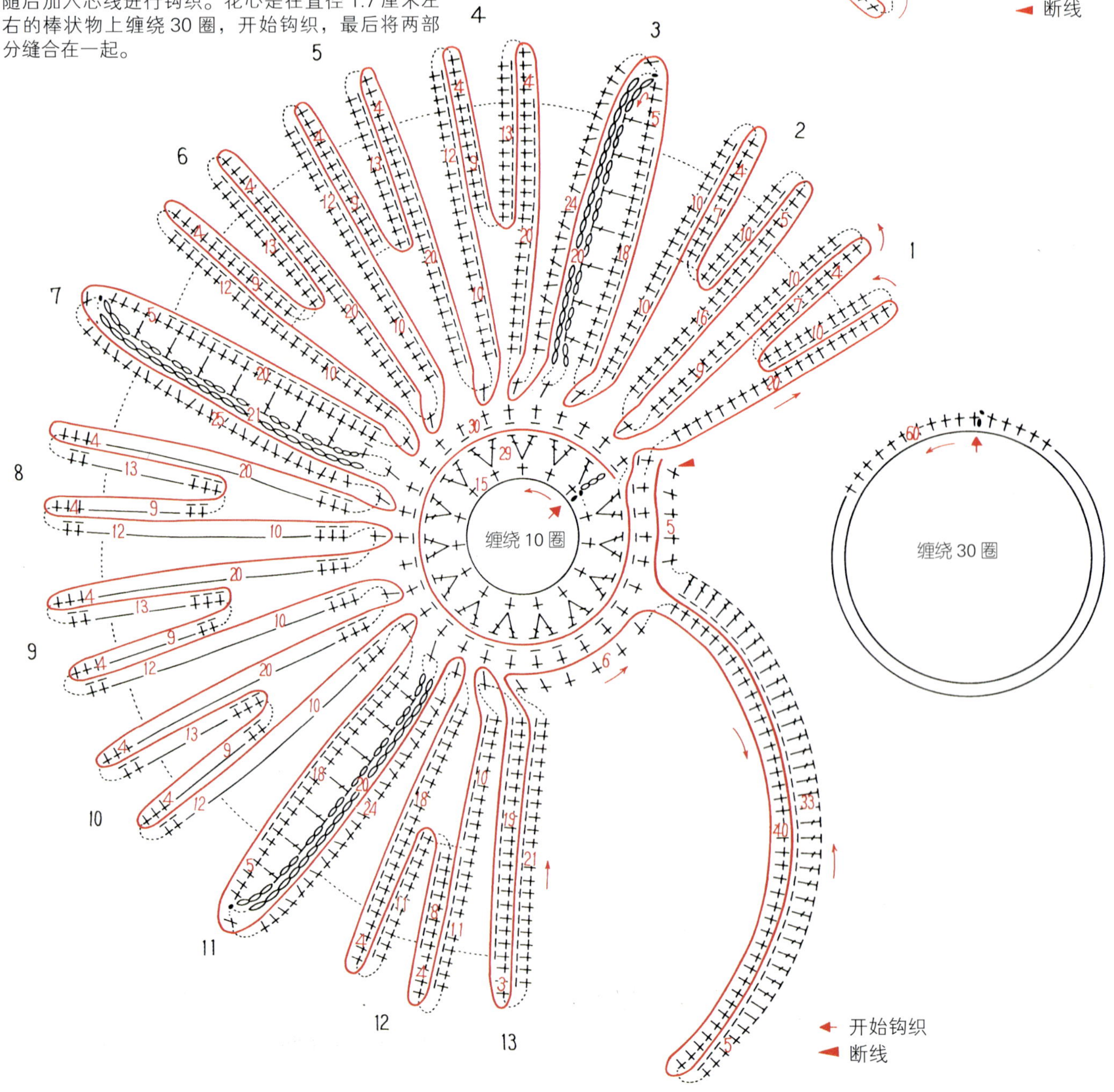

101 鸢尾 第 65 页

材料

钩织线　DMC Cordonnet Special 蕾丝线 40 号

芯线　DMC Cordonnet Special 蕾丝线 10 号

（1 米，折四折使用）

工具

12 号蕾丝针

钩织要点

以 25 针锁针起针，钩织至第 6 行时，加入芯线进行钩织。

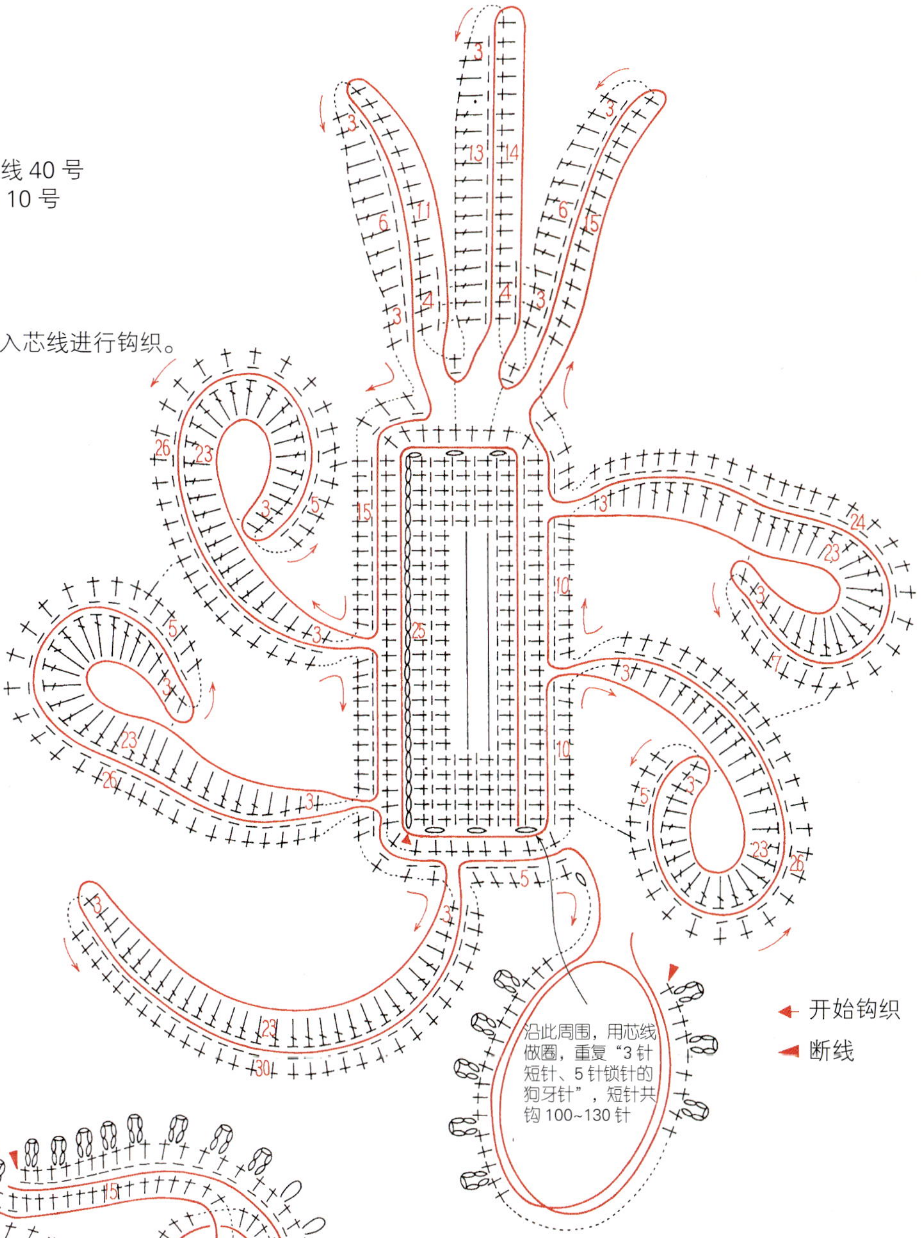

开始钩织

断线

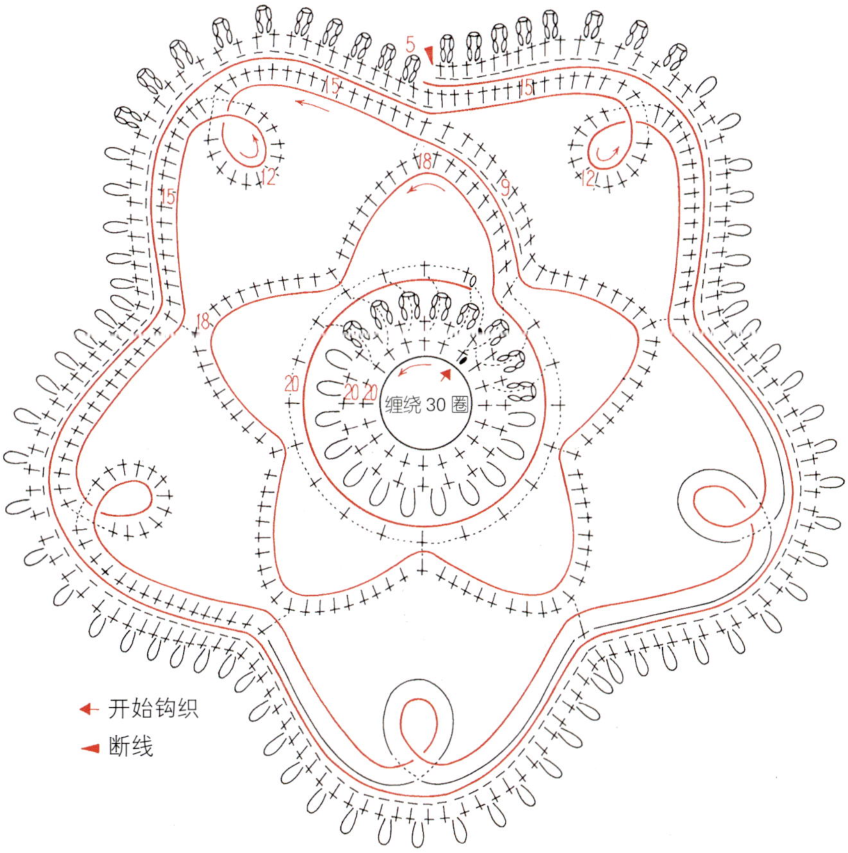

开始钩织

断线

106 横切开的青椒 第 69 页

材料

钩织线　DMC Cordonnet Special 蕾丝线 40 号

芯线　DMC Cordonnet Special 蕾丝线 10 号

（3 米，折四折使用）

工具

12 号蕾丝针

钩织要点

在 9 号棒针上缠绕钩织线 30 圈，做成环状开始钩织，随后加入芯线进行钩织。

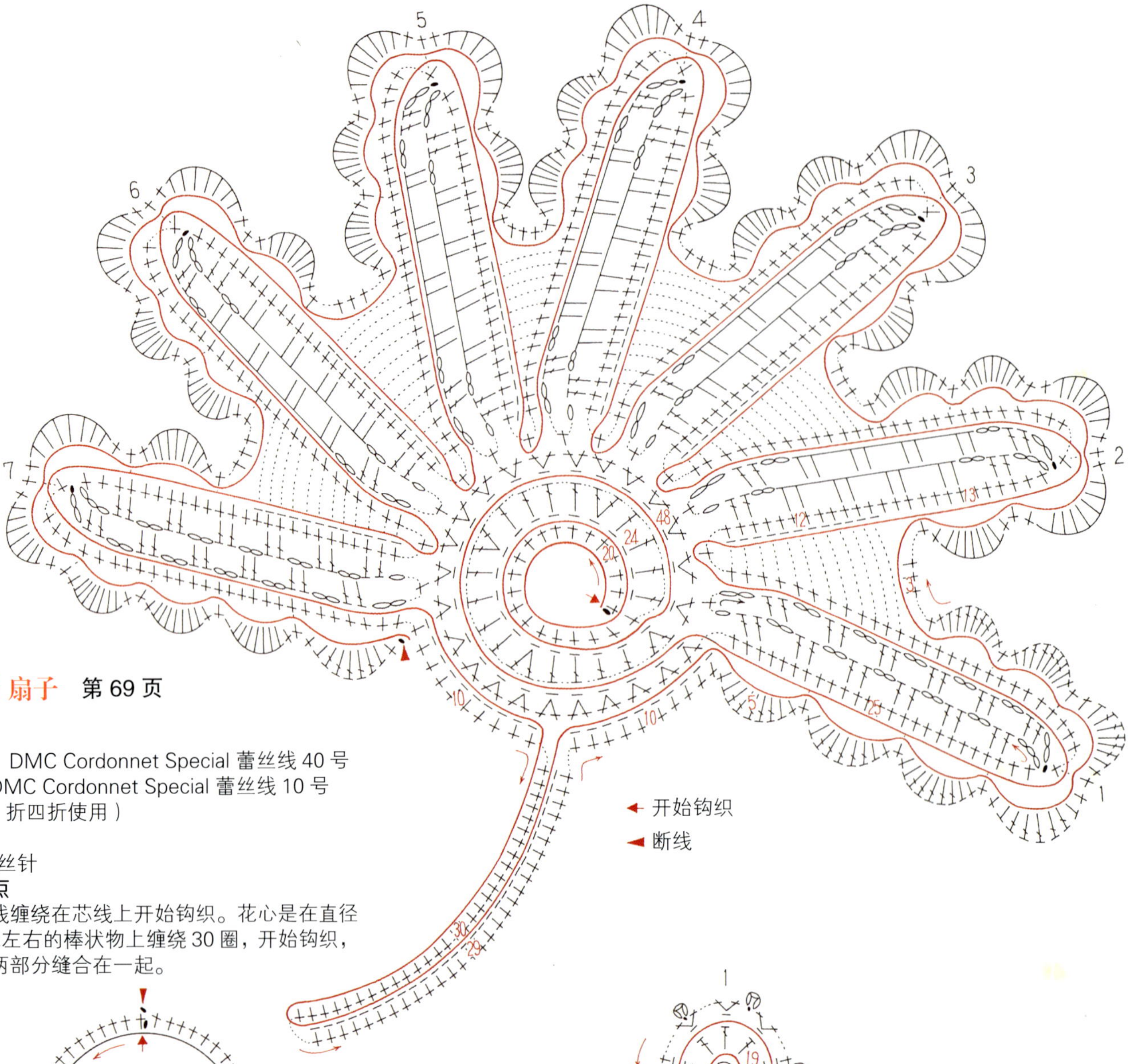

103 扇子　第 69 页

材料

钩织线　DMC Cordonnet Special 蕾丝线 40 号
芯线　DMC Cordonnet Special 蕾丝线 10 号
（5 米，折四折使用）

工具

12 号蕾丝针

钩织要点

将钩织线缠绕在芯线上开始钩织。花心是在直径 1.8 厘米左右的棒状物上缠绕 30 圈，开始钩织，最后将两部分缝合在一起。

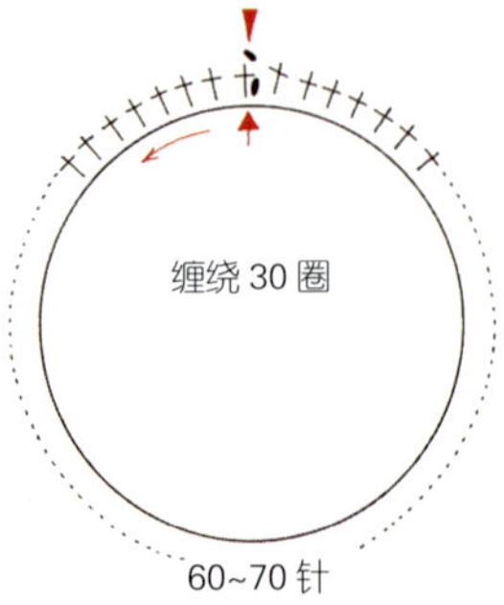

105 铁线莲　第 69 页

材料

钩织线　DMC Cordonnet Special 蕾丝线 40 号
芯线　DMC Cordonnet Special 蕾丝线 10 号
（5 米，折四折使用）

工具

12 号蕾丝针

钩织要点

在铅笔粗细的棒状物上缠绕钩织线 30 圈，做成环状开始钩织，随后加入芯线进行钩织。

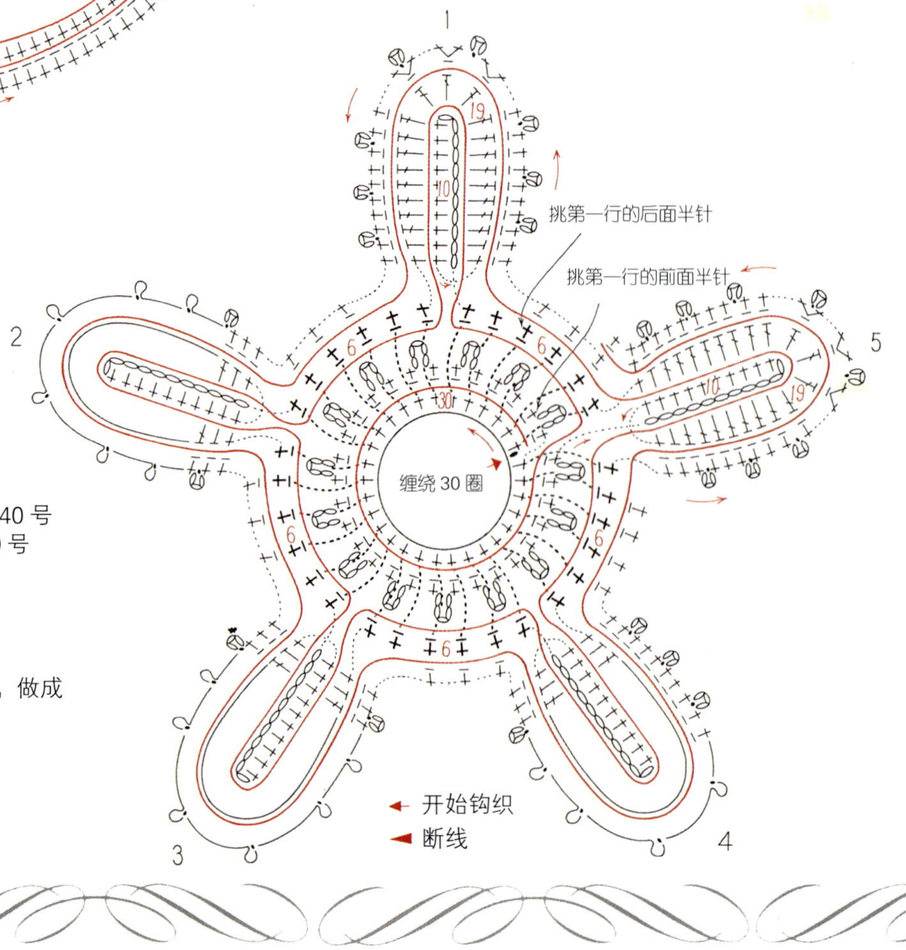

钩织方法 /103、105 见第 68 页　104 见第 71 页　106 见第 67 页

94 星星花　第 59 页

材料

钩织线　DMC Cordonnet Special 蕾丝线 40 号

芯线　DMC Cordonnet Special 蕾丝线 10 号

（1.5 米，折四折使用）

工具

12 号蕾丝针

钩织要点

在铅笔粗细的棒状物上缠绕钩织线 10 圈，做成环状开始钩织，在钩织花瓣的周围的时候加入芯线进行钩织。

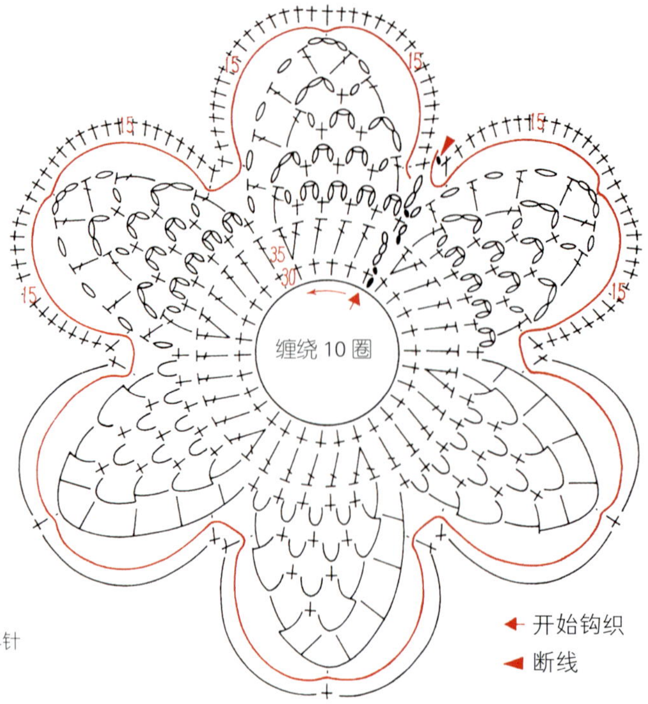

◀ 开始钩织

◀ 断线

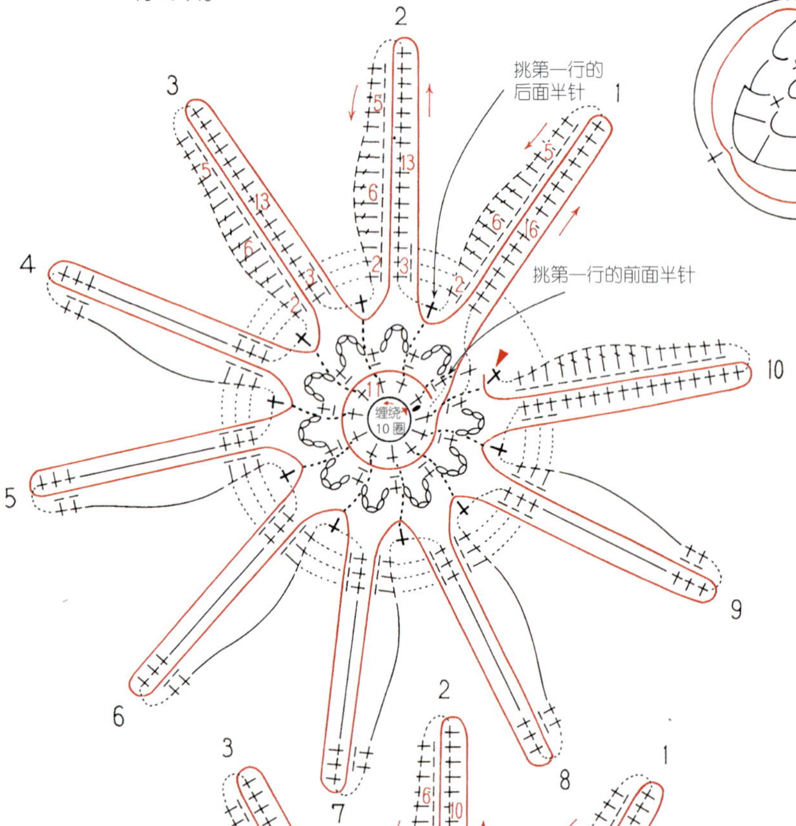

98 山茶花　第 63 页

材料

钩织线　DMC Cordonnet Special 蕾丝线 40 号

芯线　DMC Cordonnet Special 蕾丝线 10 号

（4 米、2 米各一根，折四折使用）

工具

12 号蕾丝针

钩织要点

大花样是在铅笔粗细的棒状物上缠绕钩织线 10 圈，做成环状开始钩织，随后加入 4 米长的芯线进行钩织。小花样是在 3 号棒针上缠绕钩织线 10 圈，做成环状开始钩织，随后加入 2 米长的芯线进行钩织。大、小花样分别将每一片花瓣的开始与结束的 10 针、3 针缝合在一起。最后将两片缝合在一起。

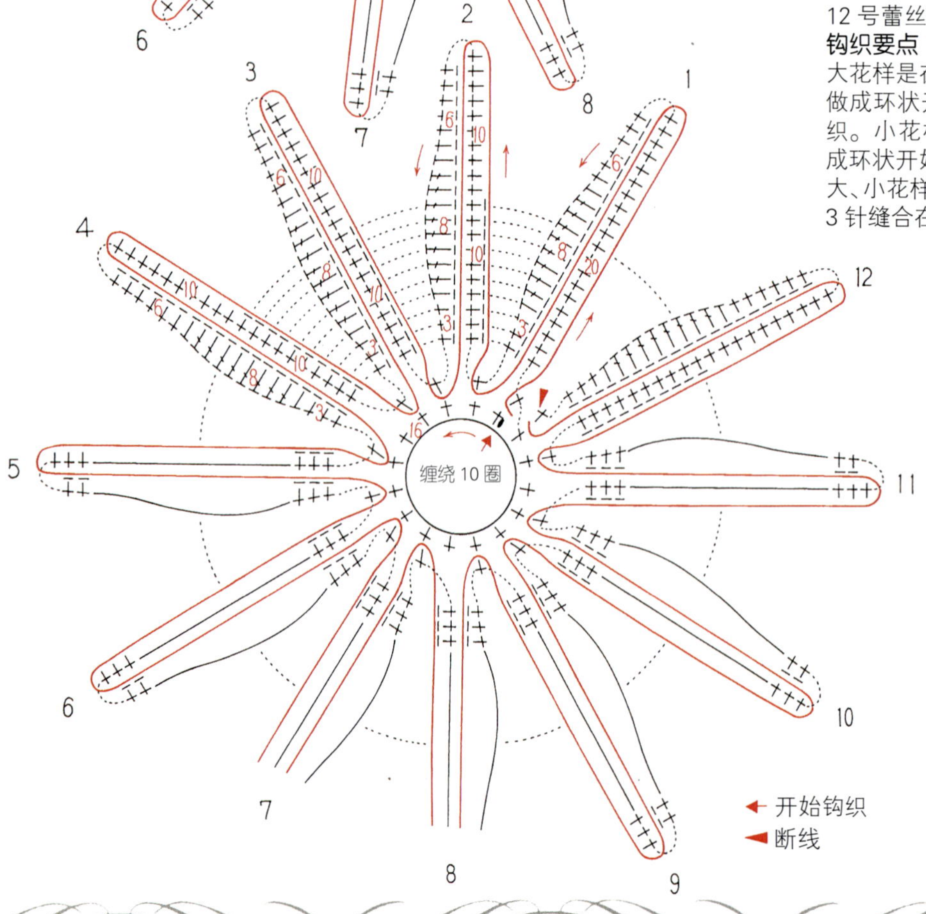

◀ 开始钩织

◀ 断线

89 小向日葵　第 55 页

材料

钩织线　DARUMA 黄金系列蕾丝线 40 号

芯线　DARUMA 比马棉蕾丝线 20 号

（2 米，对折使用）

工具

12 号蕾丝针

钩织要点

将钩织线缠绕在芯线上开始钩织。

瑞典颗粒编

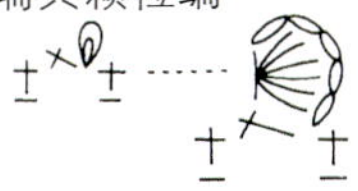

（6 针中长针织成的瑞典颗粒编）

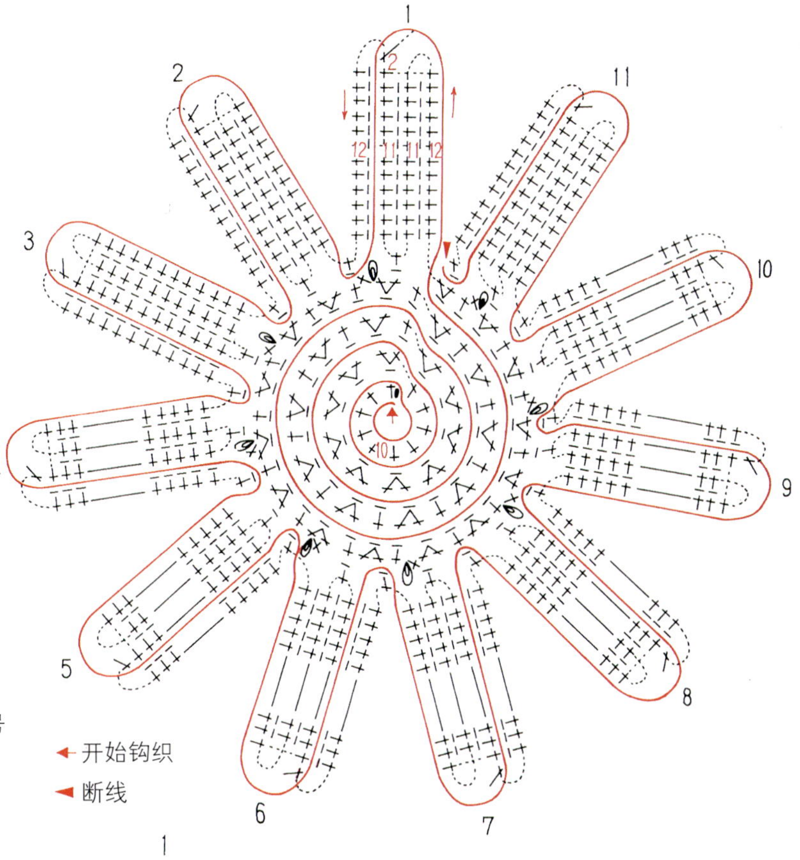

◄ 开始钩织

◄ 断线

104 松虫草　第 69 页

材料

钩织线　DMC Cordonnet Special 蕾丝线 40 号

芯线　DMC Cordonnet Special 蕾丝线 10 号

（3 米，折四折使用）

工具

12 号蕾丝针

钩织要点

在直径 1.5 厘米粗细的棒状物上缠绕钩织线 30 圈，做成环状开始钩织，从钩织第 2 行开始加入芯线进行钩织。最后用钩织线在中心按照 1~4 的顺序，做出花心。

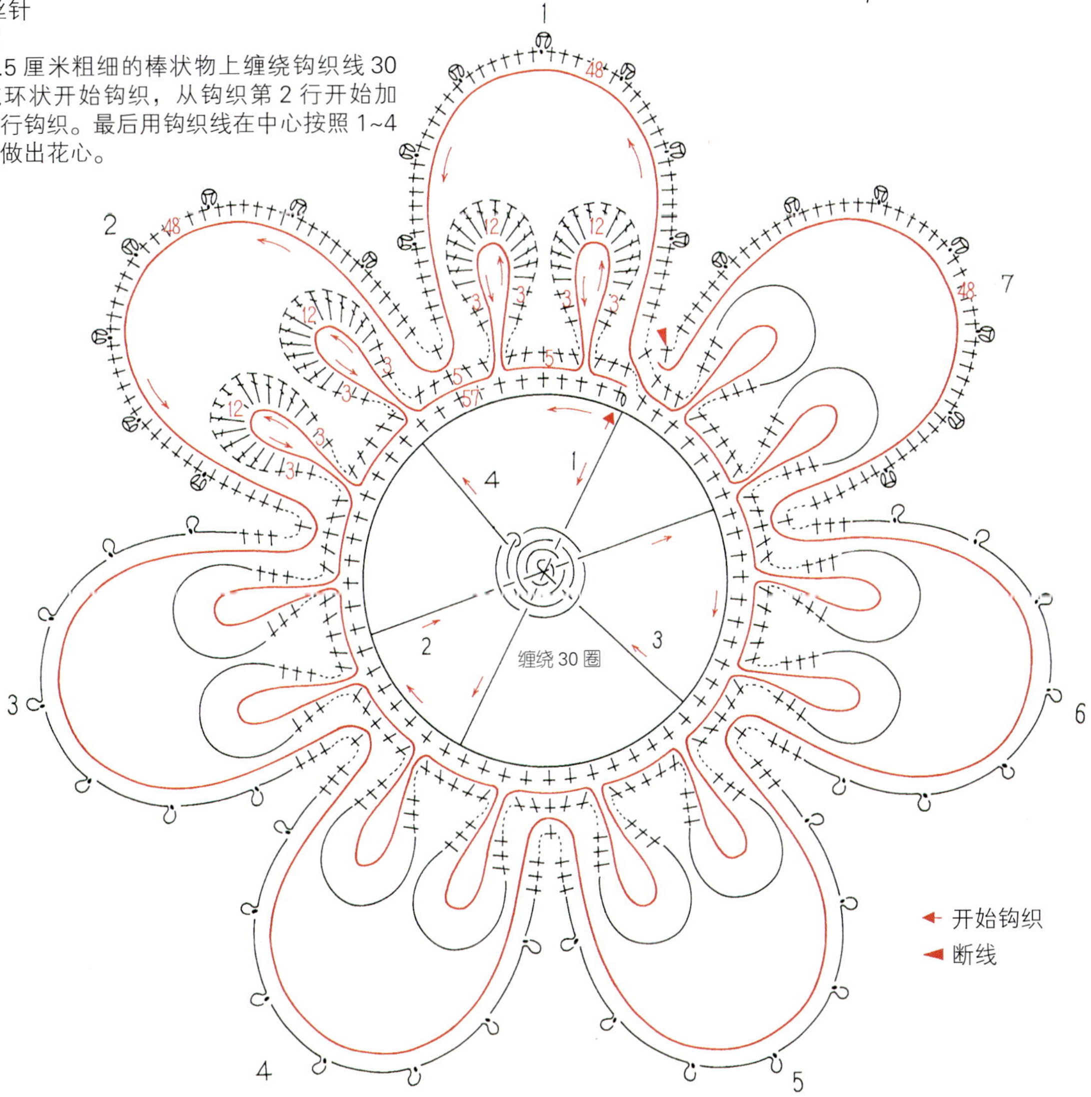

◄ 开始钩织

◄ 断线

钩织方法 /107 见第 74 页　108 见第 75 页　109 见第 112 页　110、112 见第 113 页　111 见第 114 页

110
111
112

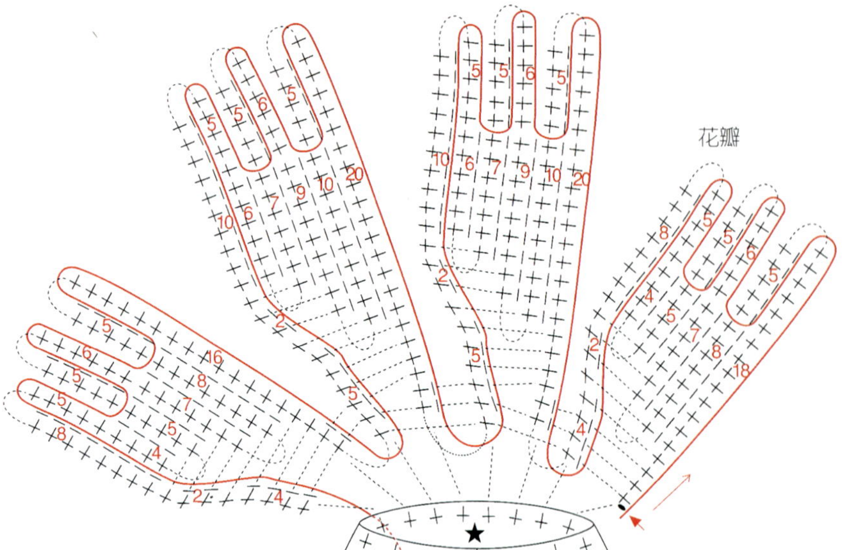

107 矢车菊 第 72 页

材料

钩织线　DMC Cordonnet Special 蕾丝线 40 号
芯线　DMC Cordonnet Special 蕾丝线 10 号（3 米，折四折使用）

工具

12 号蕾丝针

钩织要点

将钩织线缠绕在芯线上从花瓣开始钩织。随后从钩织好的花瓣部分挑针，使用加减针钩织花萼，共钩织 13 行，最后减为 1 针，接着缠绕着钩织线钩织花茎。

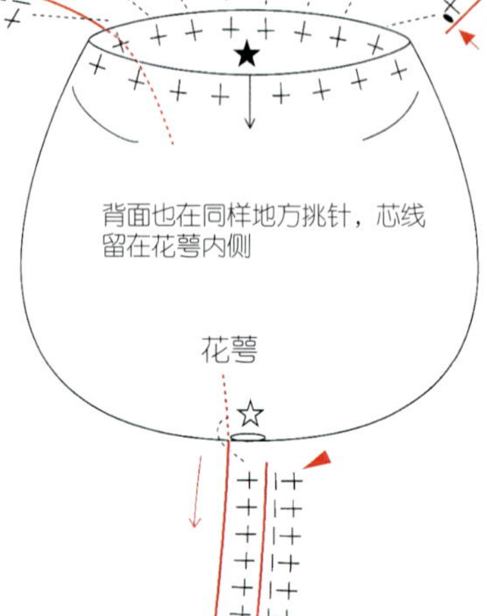

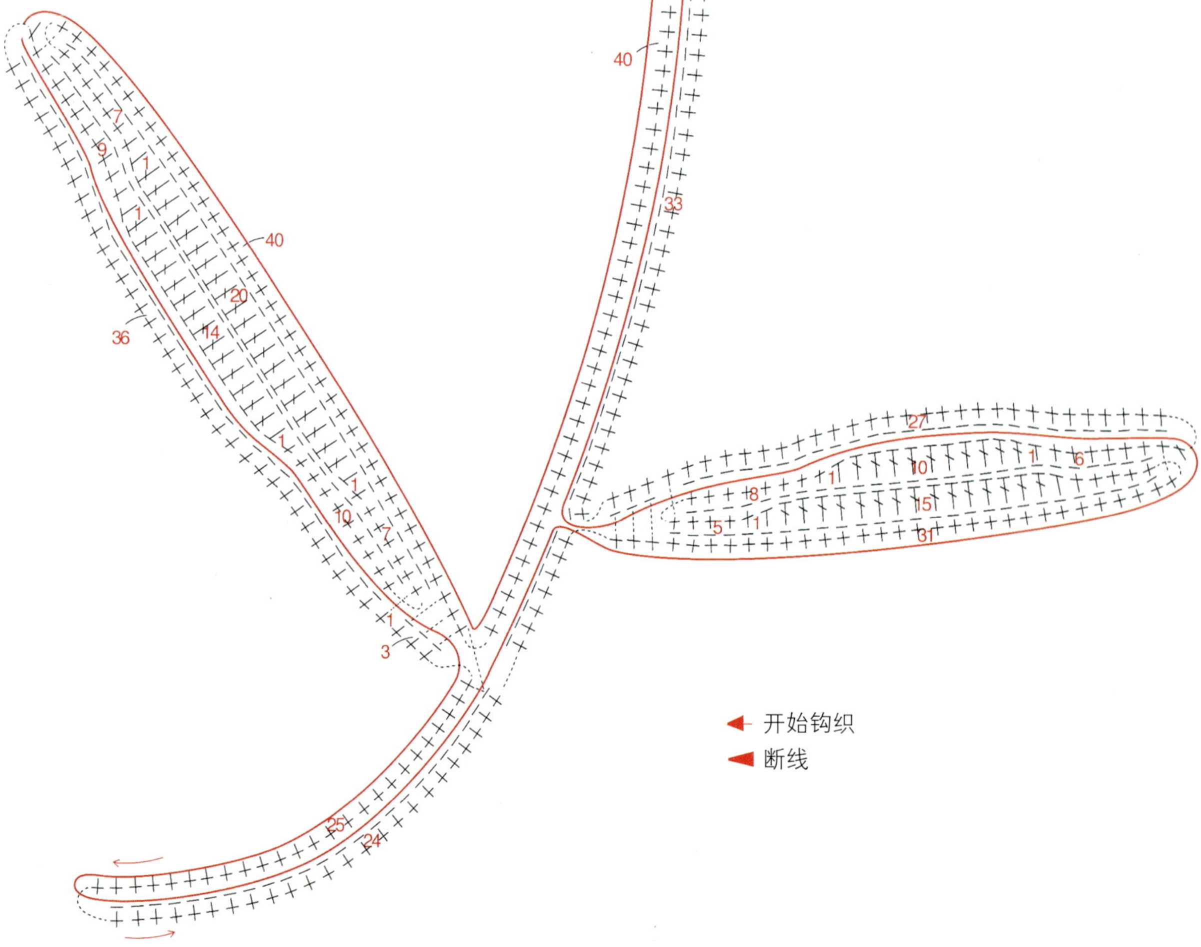

108 叶子 第 72 页

材料

钩织线 DMC Cordonnet Special 蕾丝线 30 号
芯线 DMC Cordonnet Special 蕾丝线 10 号
（1.2 米，折四折使用）

工具

12 号蕾丝针

钩织要点

将钩织线缠绕在芯线上开始钩织。
※ 最后一针引拔针如果不固定在钩织开始的地方，花茎就不会固定，可根据自己的喜好向左或向右固定

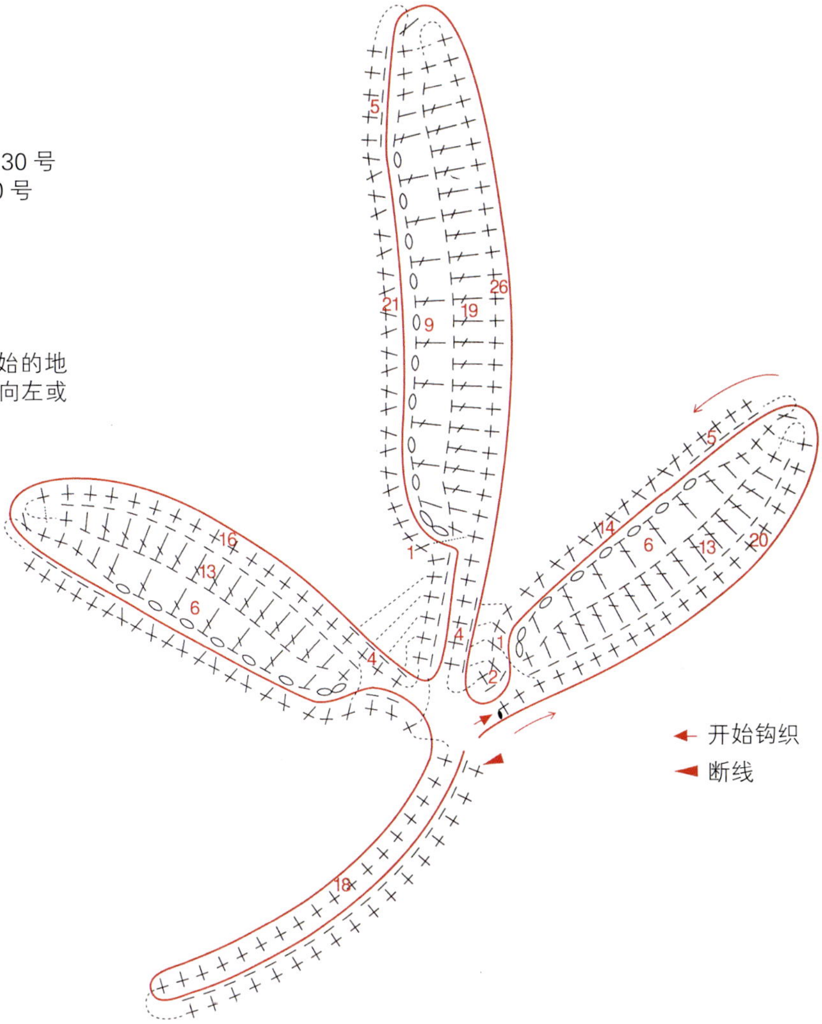

（将背面作为正面使用）

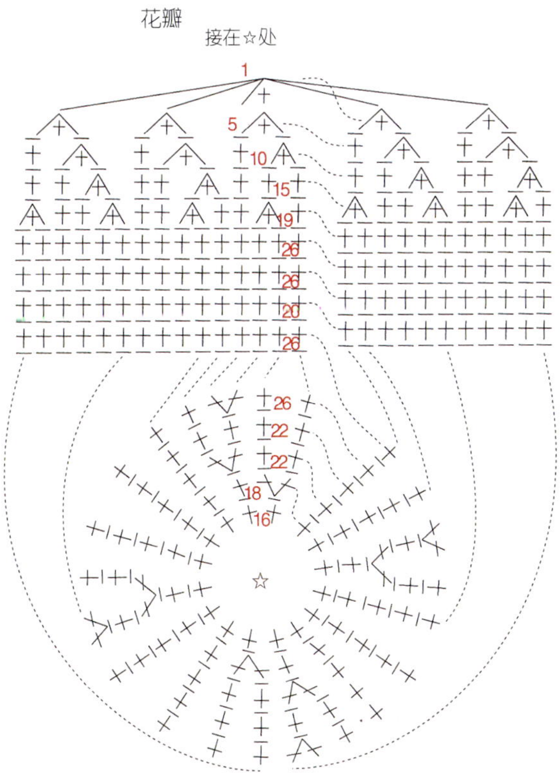

花萼是从花瓣挑 16 针，将背面作为正面钩织成袋子的形状。当钩织至第 10 行，塞入面巾纸，将线头拉拢。接着钩织花茎。
※ 短针针数与图示不一致，或者行数有 1 行左右的出入，只要形状好看，就没有关系

钩织方法 /113 见第 78 页　114、115 见第 79 页　116、117 见第 115 页

115
116
117

113 变化的玫瑰花 第 76 页

材料

钩织线 DMC Cordonnet Special 蕾丝线 40 号
芯线 DMC Cordonnet Special 蕾丝线 10 号
（3 米，折四折使用）

工具

12 号蕾丝针

钩织要点

将钩织线绕在手指上成为环状开始钩织。在钩织花中间部分的周围时加入芯线进行钩织。在钩织花瓣的时候，暂不使用芯线。在钩织外侧有狗牙针的短针时，再加入芯线。

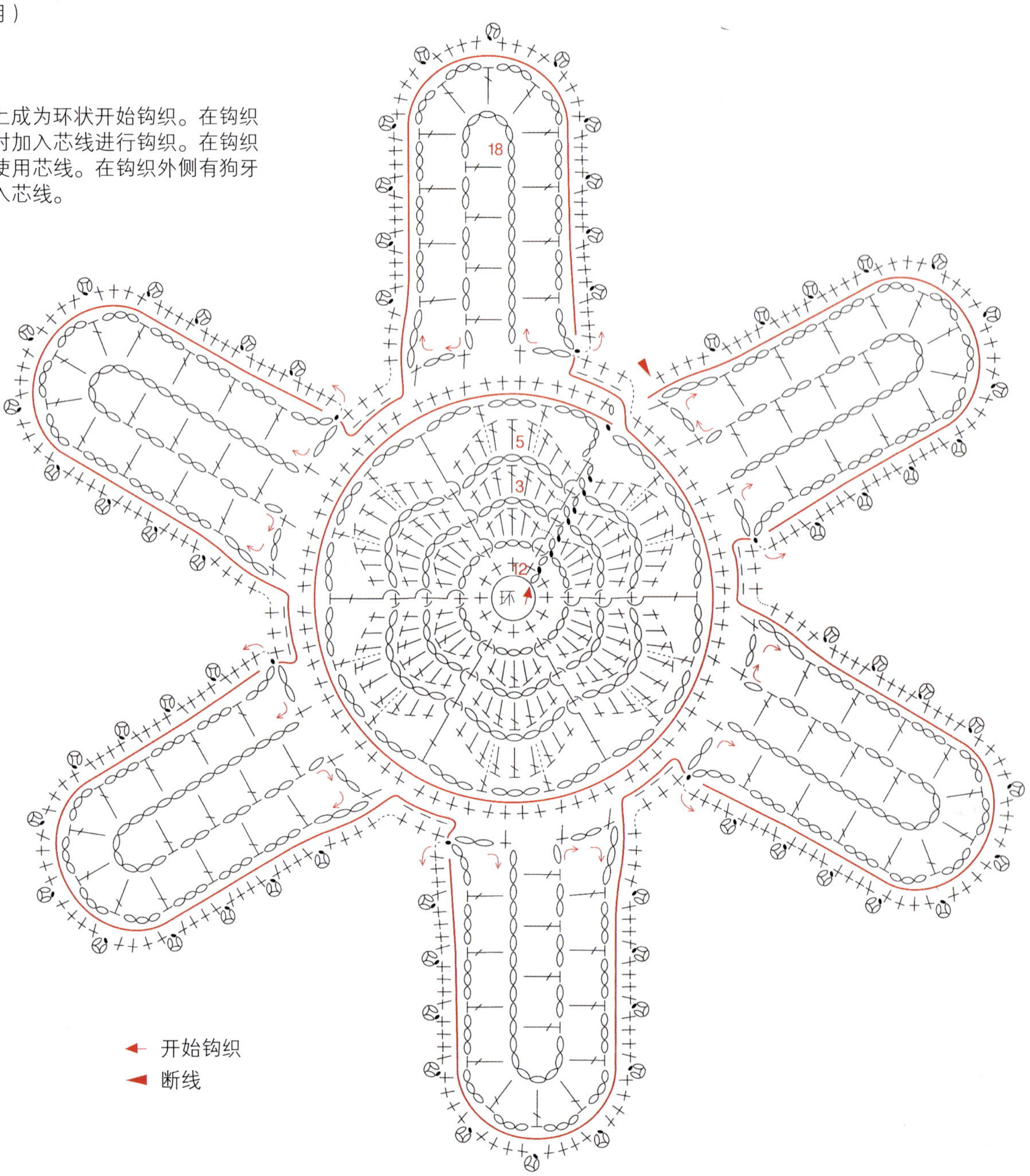

◄ 开始钩织
◄ 断线

长针的正拉针

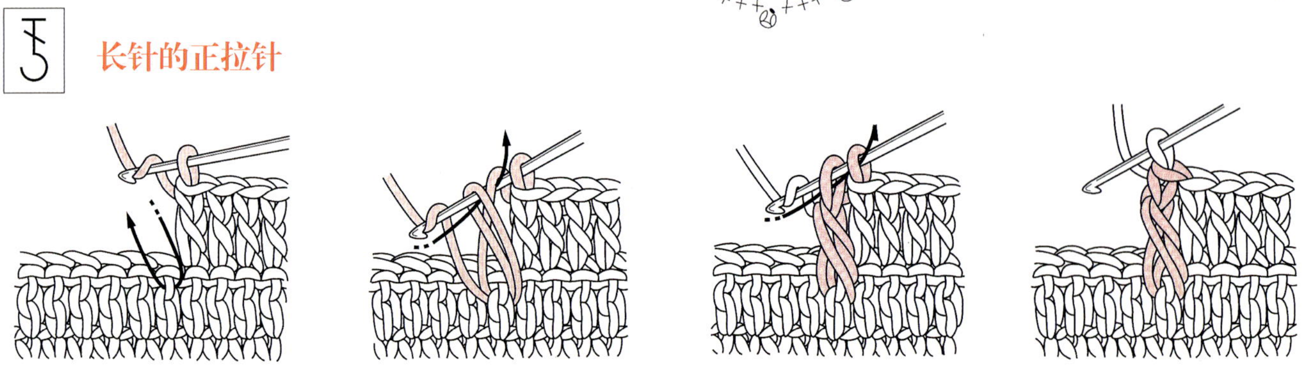

① 如箭头所示把钩针穿入前一行的针目中。

② 针上挂线，钩出较长的线，并引拔出线。

③ 如箭头所示引拔 2 个线圈钩出长针。

④ 完成长针的正拉针，前一行的针目留在后面。

114 四边形玫瑰花样 第 76 页

材料

钩织线 DMC Cordonnet Special 蕾丝线 40 号

工具

12 号蕾丝针

钩织要点

将钩织线绕在手指上成为环状开始钩织。短针的拉针钩织是：第 3 行挑第 1 行长针的针目，第 5 行挑第 3 行的针目进行钩织。第 5 行的长针是将前一行的针目往前倒，将第 3 行的锁针整段挑起从而进行钩织的。

◄ 开始钩织

◄ 断线

115 马蹄形玫瑰花样 第 77 页

材料

钩织线 DMC Cordonnet Special 蕾丝线 40 号

工具

12 号蕾丝针

钩织要点

将钩织线绕在手指上成为环状开始钩织。从第 5 行开始如图示进行一圈圈连续和往返的钩织。

※ 这种钩织方法也是爱尔兰蕾丝钩织的特点之一

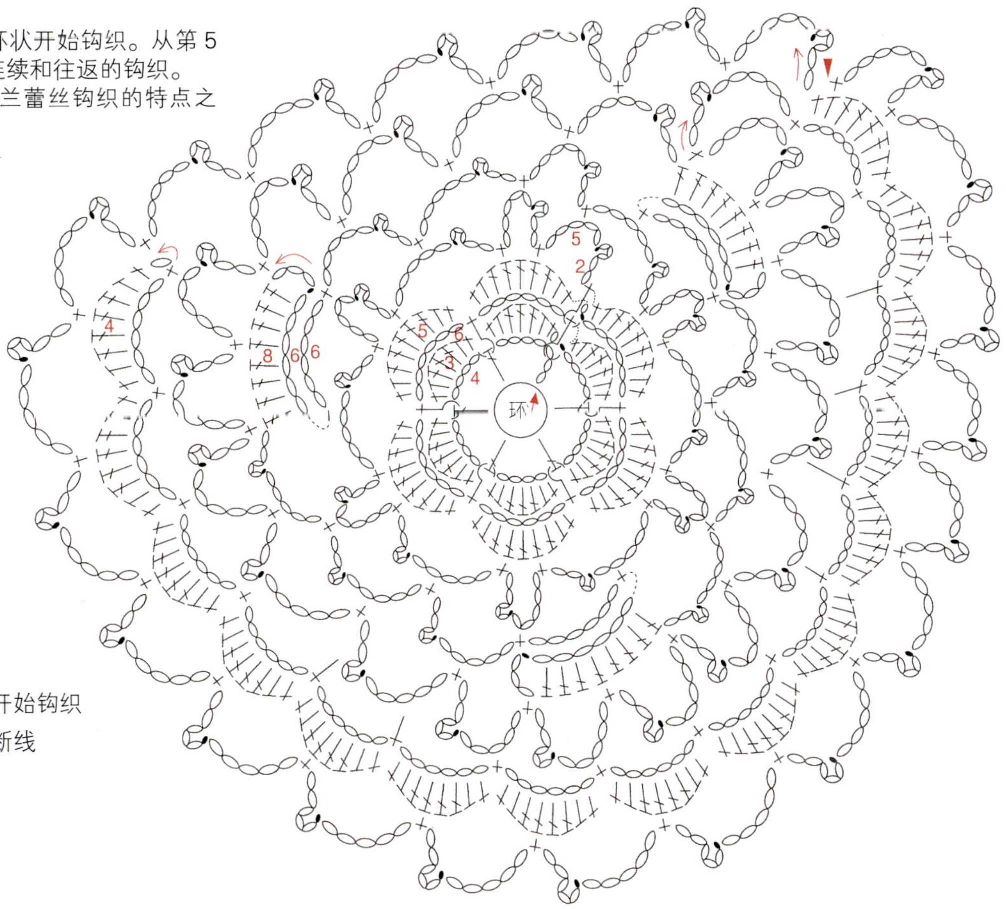

◄ 开始钩织

◄ 断线

钩织方法 /118 见第 82 页　119、120 见第 83 页　121、122 见第 116 页　123 见第 117 页

121
122
123

118 梳子形的花　第 80 页

材料

钩织线　DMC Cordonnet Special 蕾丝线 40 号

芯线　DMC Cordonnet Special 蕾丝线 10 号

（主体 3 米，折四折使用；中心部分 3 米，折八折使用）

工具

12 号蕾丝针

钩织要点

主体是将钩织线缠绕在芯线上开始钩织。中间部分也是将钩织线缠绕在芯线上进行钩织，钩到适宜长度。最后将中间部分重合在主体上进行卷缝。

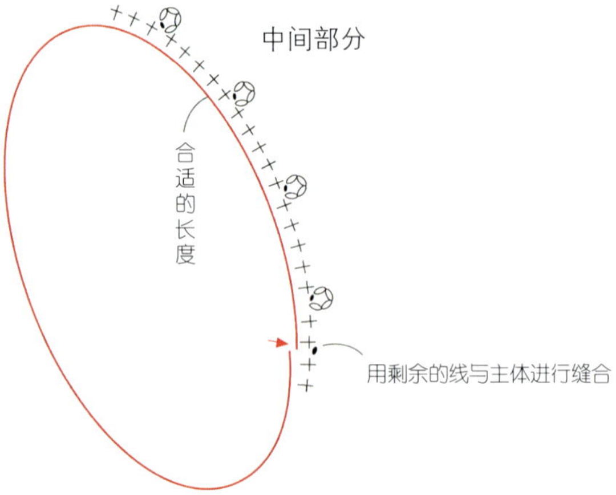

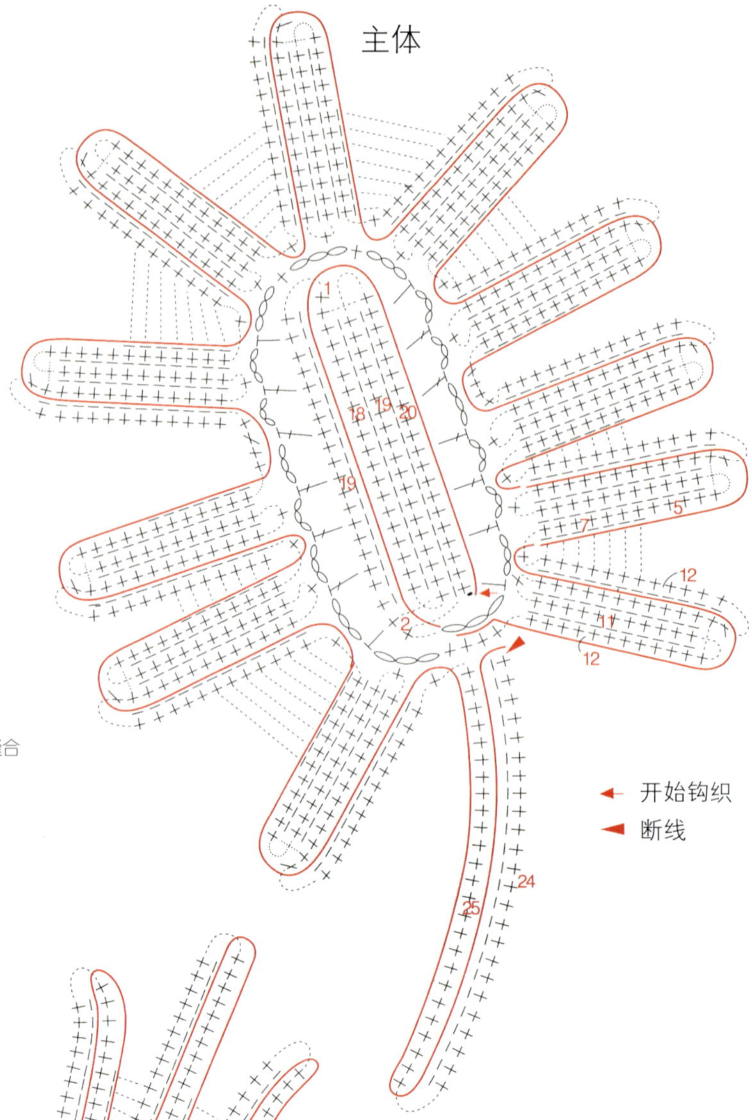

119 螺旋　第 80 页

材料
钩织线　DMC Cordonnet Special 蕾丝线 40 号
芯线　DMC Cordonnet Special 蕾丝线 10 号
（2 米，折四折使用）
工具
12 号蕾丝针
钩织要点
在铅笔粗细的棒状物上缠绕钩织线 20 圈，做成环状开始钩织，随后加入芯线进行钩织。

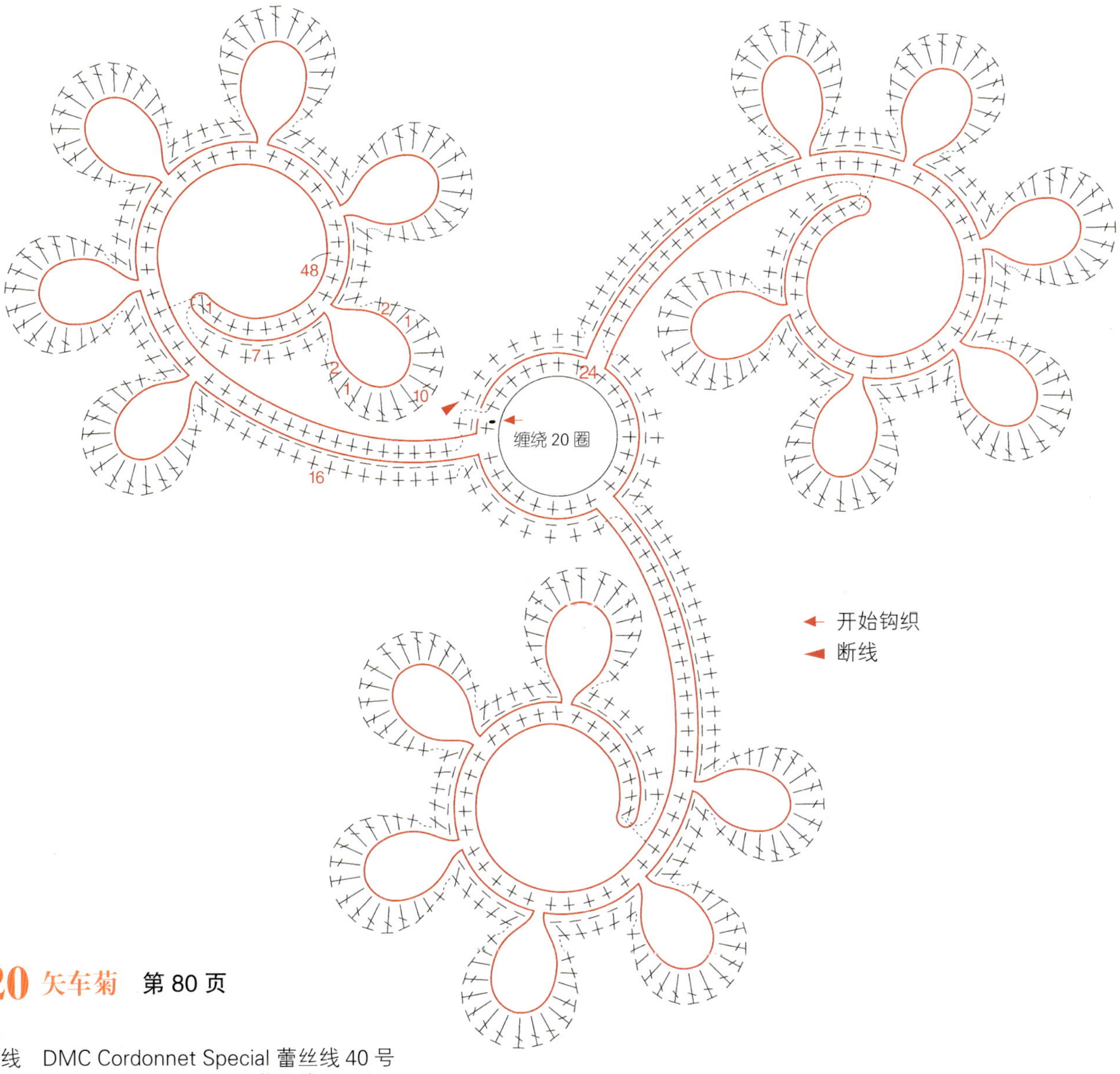

120 矢车菊　第 80 页

材料
钩织线　DMC Cordonnet Special 蕾丝线 40 号
芯线　DMC Cordonnet Special 蕾丝线 10 号
（6 米，折四折使用）
工具
12 号蕾丝针
钩织要点
将钩织线缠绕在芯线上开始钩织。
※ 因拉芯线的力度不同，会呈现出或大或小、或松或紧的效果。可根据所要表现花瓣的形态，来决定怎样拉芯线

钩织方法 /124 见第 86 页　125、128 见第 87 页　126 见第 118 页　127 见第 119 页

127
128

124 向日葵 第 84 页

材料

钩织线 DMC Cordonnet Special 蕾丝线 40 号

芯线 DMC Cordonnet Special 蕾丝线 10 号

（7 米，折四折使用）

工具

12 号蕾丝针

钩织要点

起 23 针锁针，从锁针挑线开始钩织，在钩织周围的时候加入芯线。三层花瓣中第一层较小的荷叶边是包裹着芯线钩织的。第二层也是包裹着芯线钩织，从前两行钩出短针时，需将第一层花瓣向前倒，再钩织。第三层花瓣是使用长针和锁针钩织出基础，再在其上面钩织。

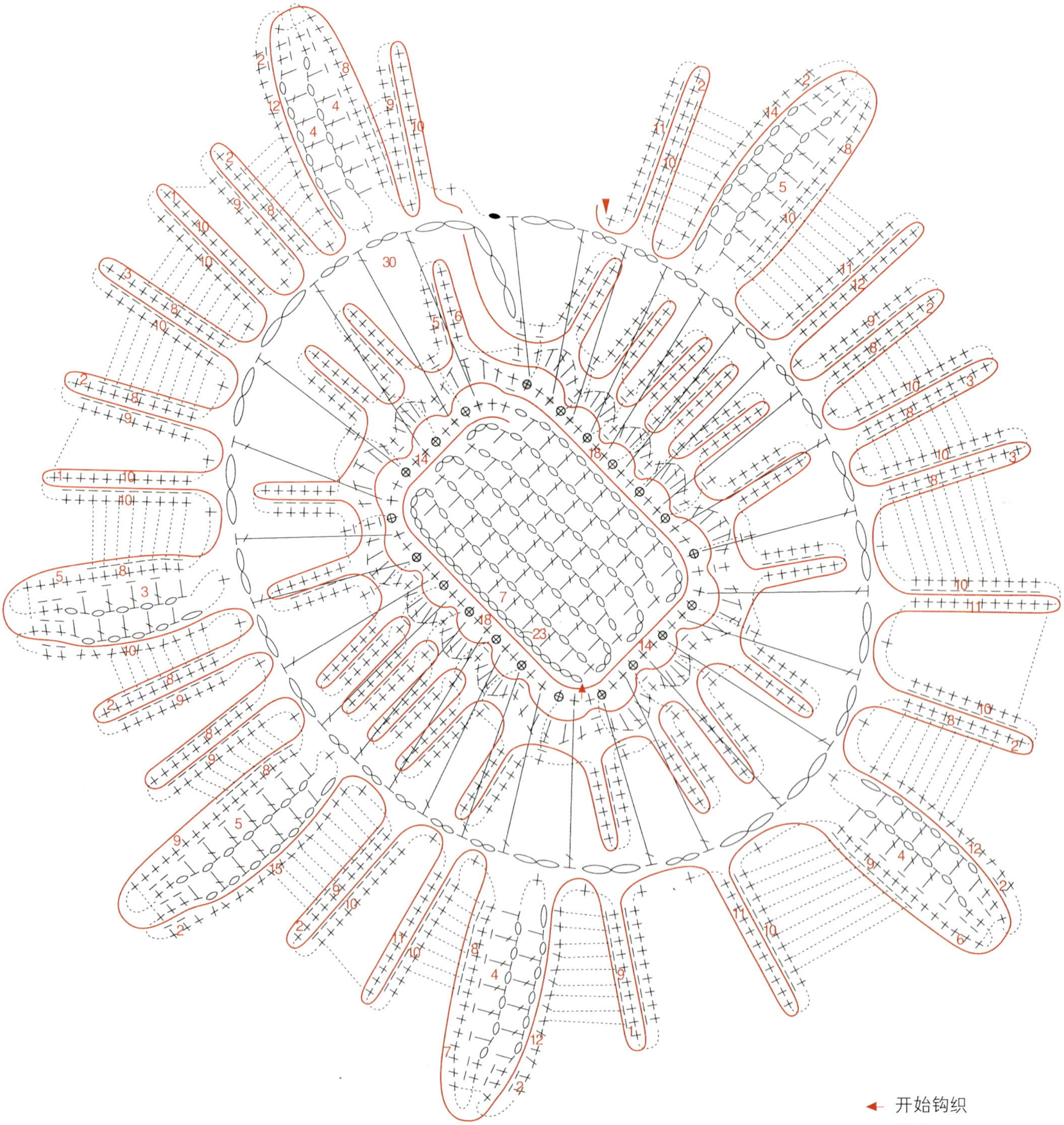

◄ 开始钩织

◄ 断线

125 菊花　第 84 页

材料
钩织线　DMC Cordonnet Special 蕾丝线 40 号
芯线　DMC Cordonnet Special 蕾丝线 10 号
（2 米，折四折使用）
工具
12 号蕾丝针
钩织要点
将钩织线缠绕在芯线上开始钩织。

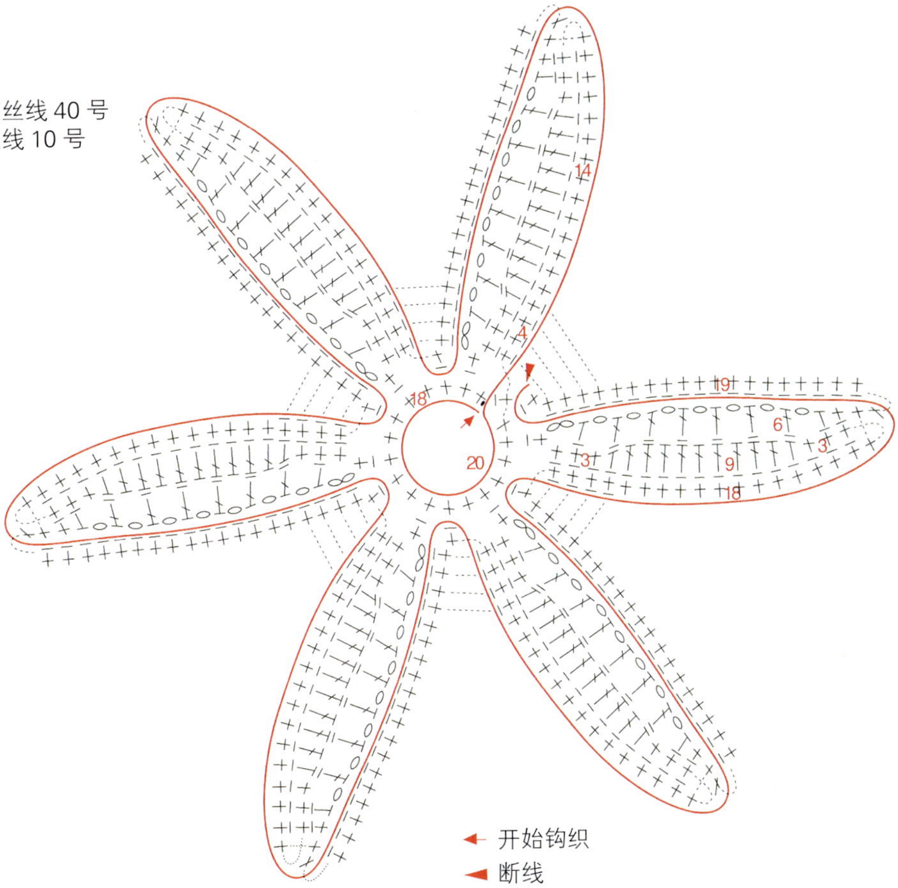

◄ 开始钩织
◄ 断线

128 三叶草　第 85 页

材料
钩织线　DMC Cordonnet Special 蕾丝线 40 号
芯线　DMC Cordonnet Special 蕾丝线 10 号
（2 米，折四折使用）
工具
12 号蕾丝针
钩织要点
在 8 号棒针上缠绕钩织线 10 圈，做成环状开始钩织，随后加入芯线进行钩织。钩织网眼花样时请不要剪断钩织线，连续地进行钩织。

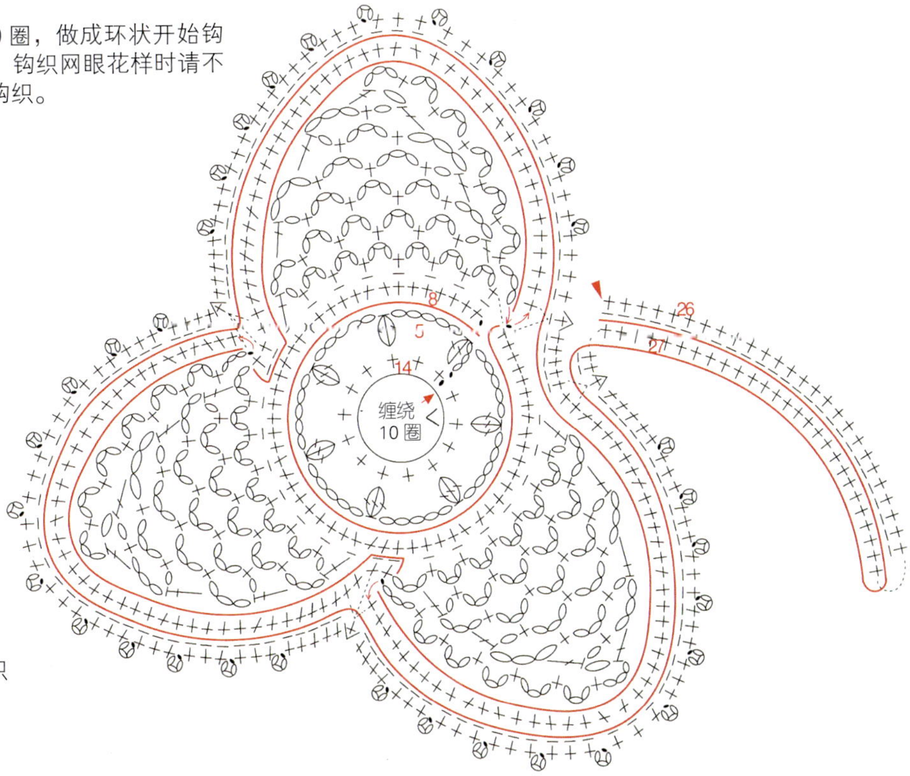

◄ 开始钩织
◄ 断线

花边

1 花边

材料
钩织线　DMC Cordonnet Special 蕾丝线 40 号
工具
12 号蕾丝针

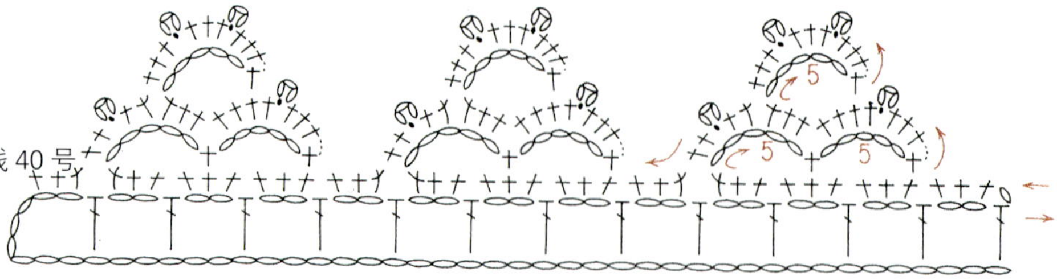

2 花边

材料
钩织线　DMC Cordonnet Special 蕾丝线 40 号
工具
12 号蕾丝针

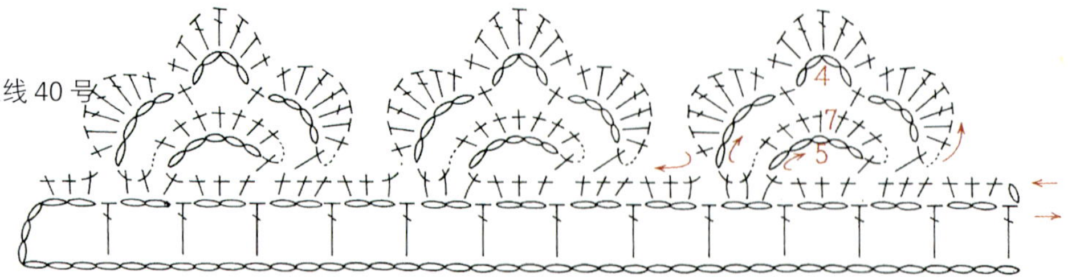

3 花边

材料
钩织线　DMC Cordonnet Special 蕾丝线 40 号
工具
12 号蕾丝针

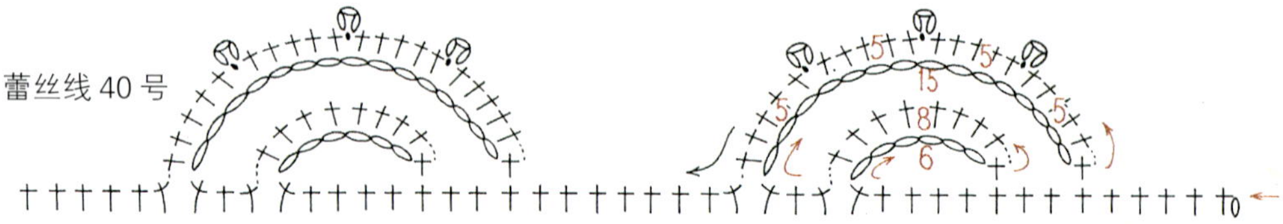

4 花边

材料
钩织线　DMC Cordonnet Special 蕾丝线 40 号
工具
12 号蕾丝针

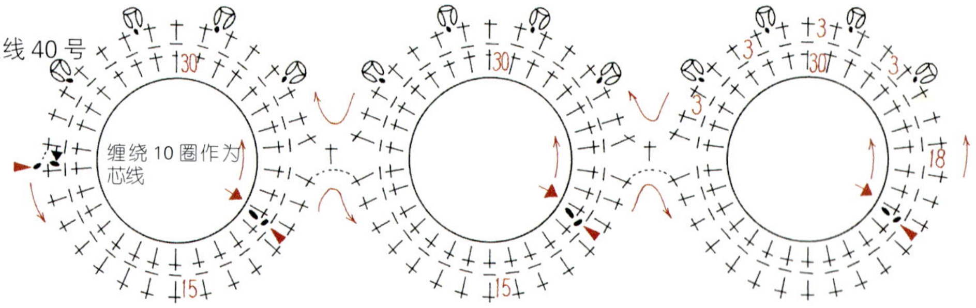

◄ 开始钩织

◄ 断线

5 花边

材料
钩织线　DMC Cordonnet Special 蕾丝线 40 号
芯线　DMC Cordonnet Special 蕾丝线 10 号
（2 米，折四折使用，大约可以做出 3 组花样）
工具
12 号蕾丝针

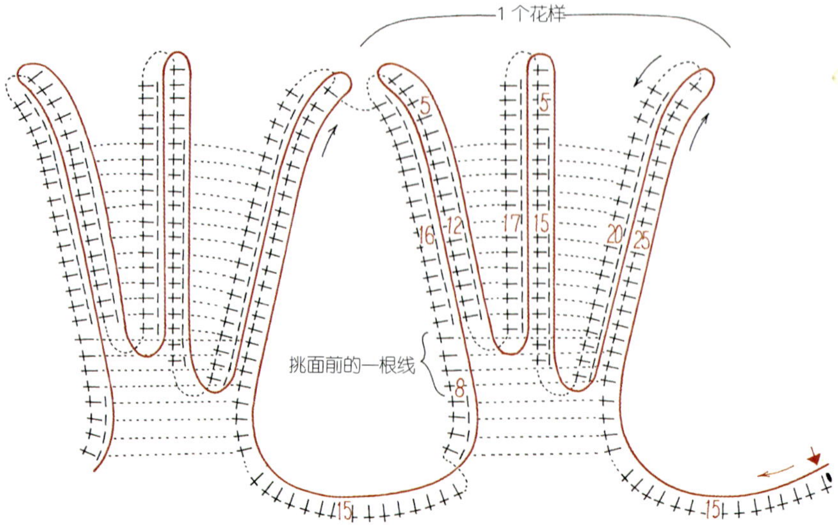

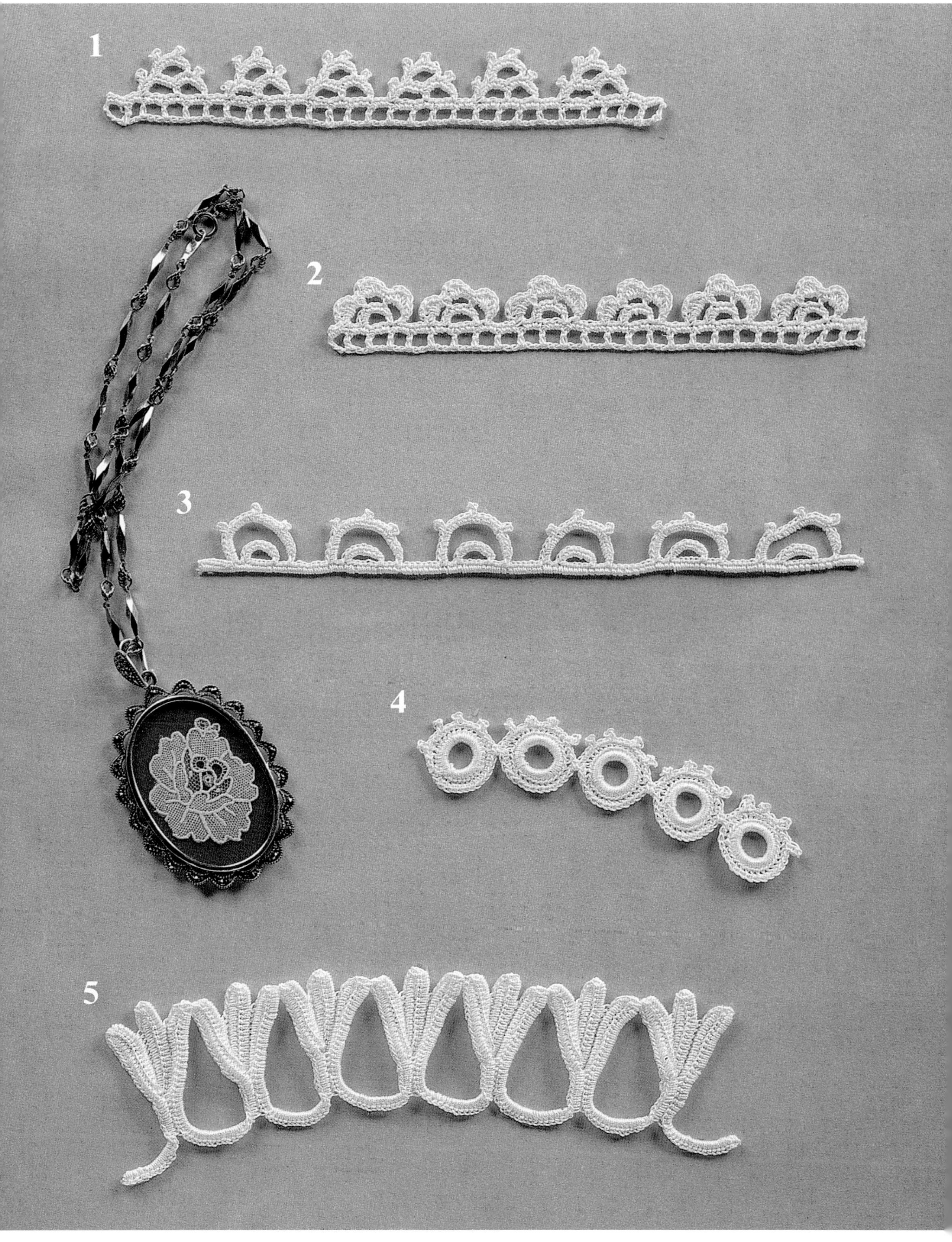
1
2
3
4
5

针法及符号

●锁针

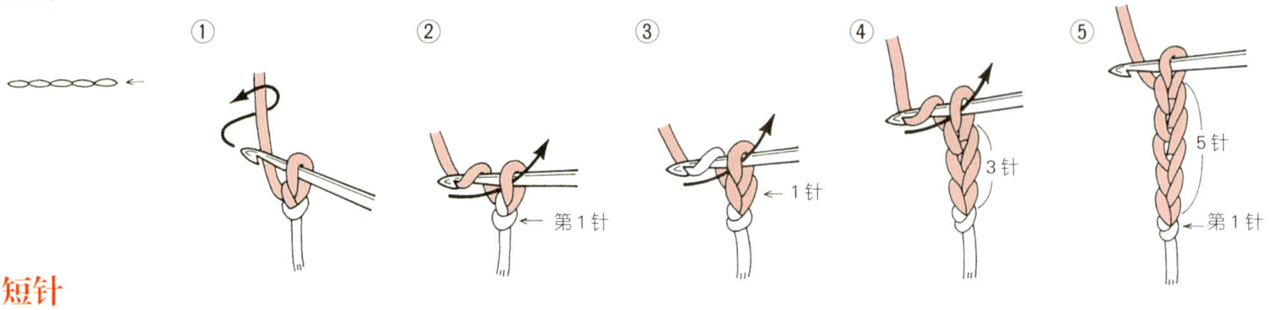

●短针

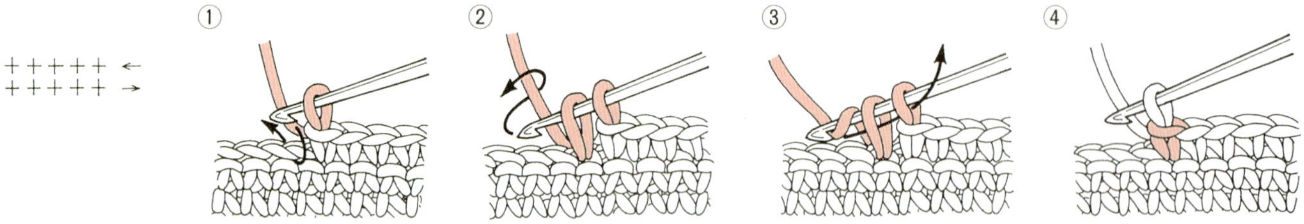

●引拔针

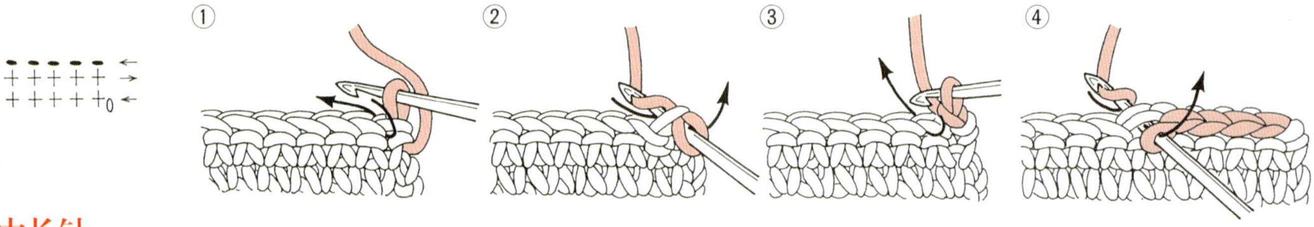

●中长针

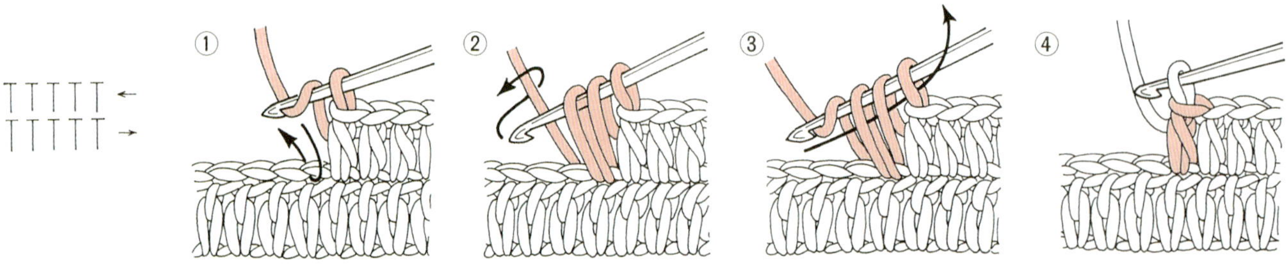

●长针

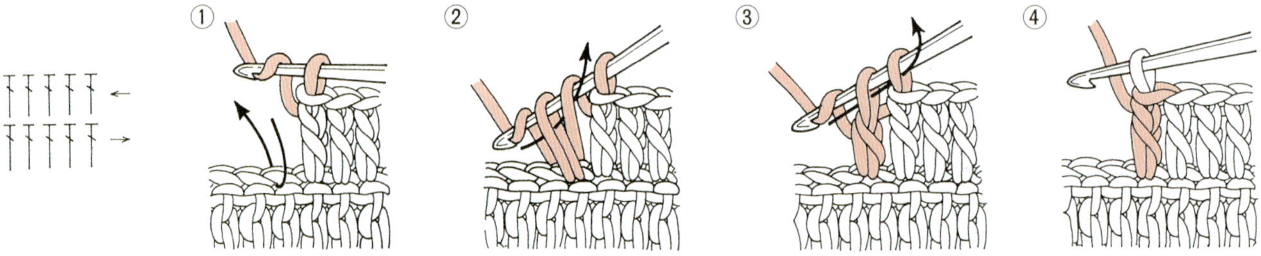

●长长针

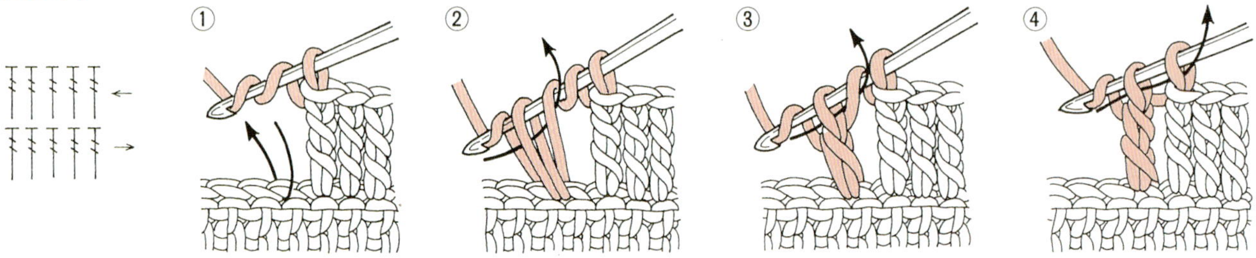

●短针的反拉针

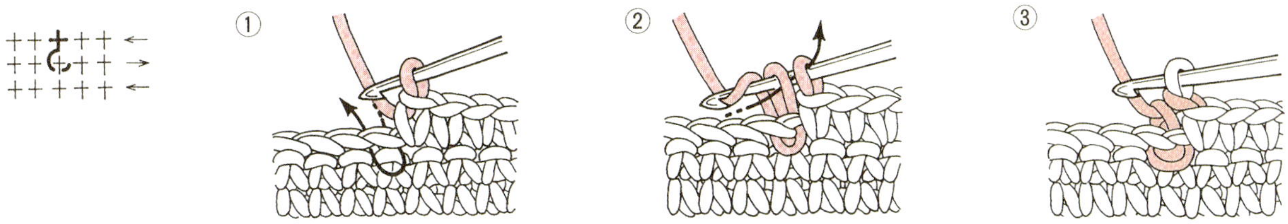

●短针的菱形针

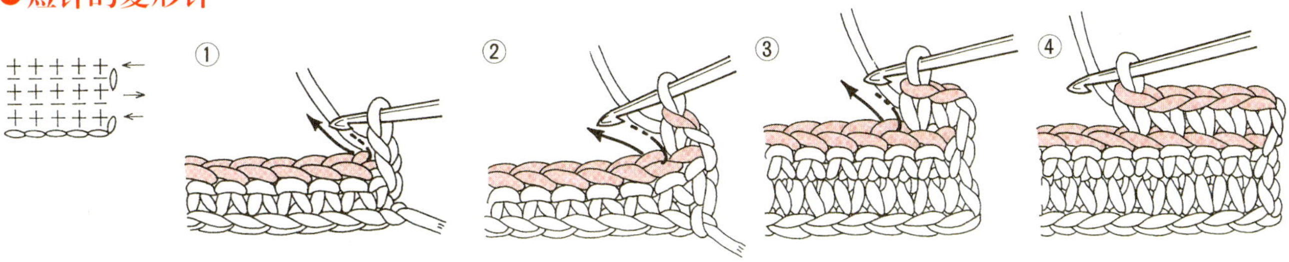

●短针 2 针并 1 针

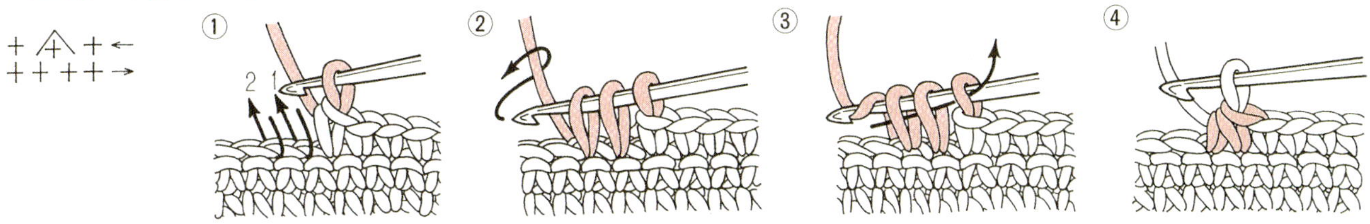

●短针 1 针放 2 针

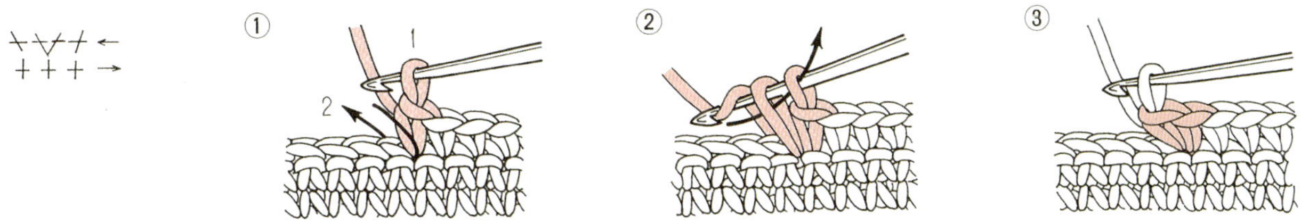

●瑞典颗粒编

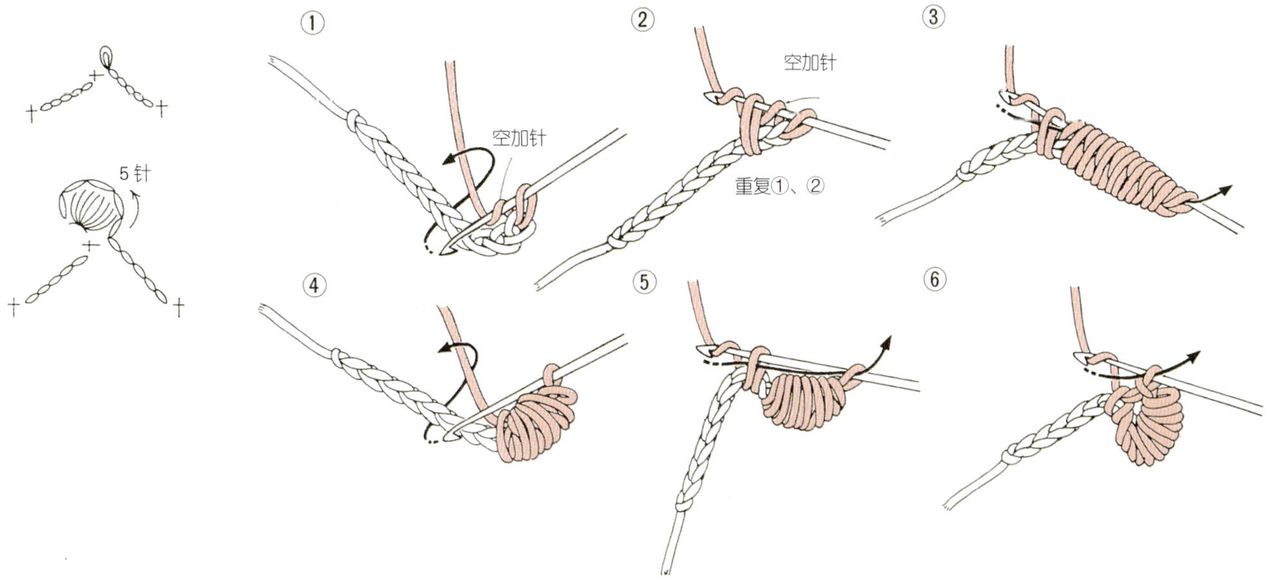

花样钩织技巧介绍

让我们来钩织橡树的叶子吧（第 48 页）

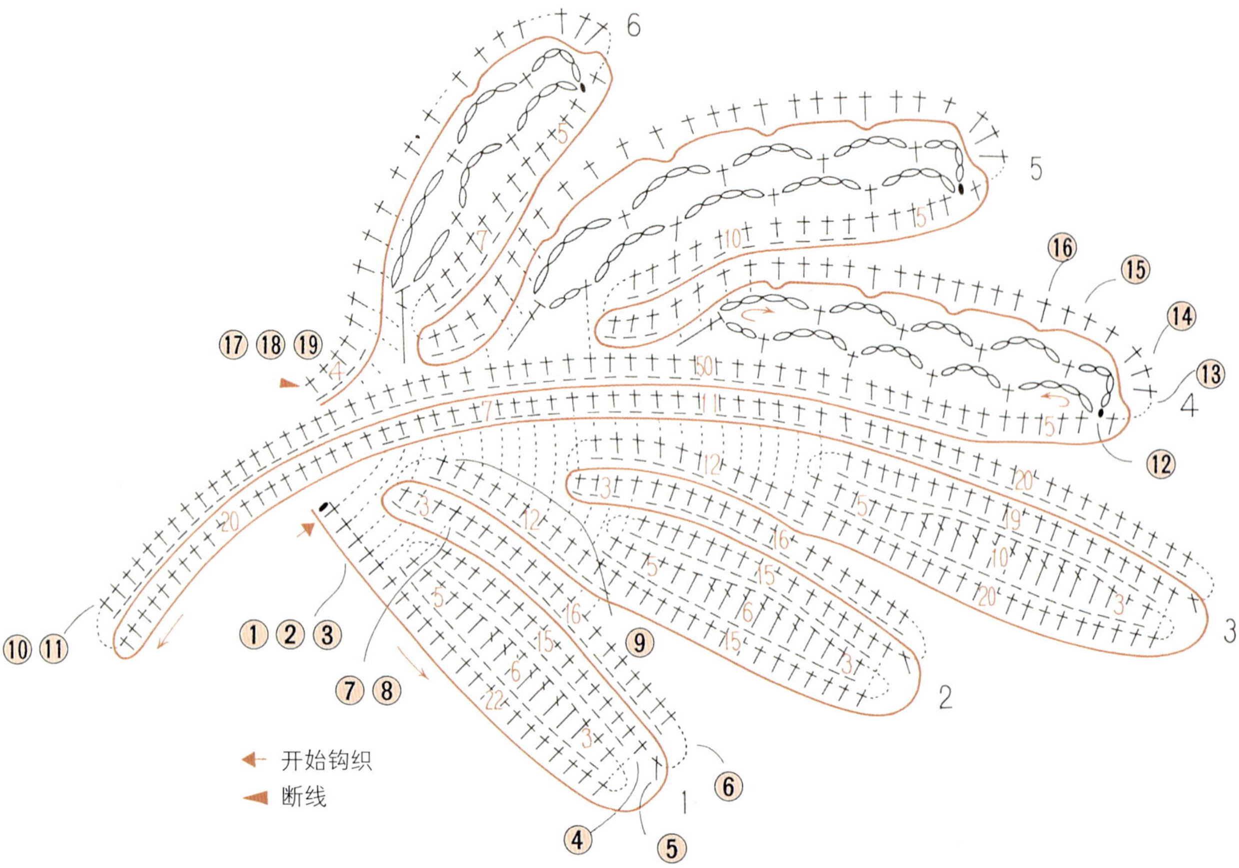

●将钩织线缠绕在芯线上开始钩织

① 将芯线折四折，如图示以钩织线引拔，钩 1 针锁针。

② 因开始几针短针的钩织较难，可在芯线的内侧进行钩织。

③ 继续钩 4~5 针短针，将针目向芯线末端推。

●叶子外侧芯线的转向方法

④ 消行时为了使针数符合，可在前两行挑针钩织。

⑤ 在刚刚未使用的芯线上钩 1 针短针。

⑥ 整体像左翻转（芯线在后面）。

●叶子内侧芯线的转向方法

⑦ 与步骤④相同，挑取前两行的针目。

⑧ 在此针目上钩 1 针短针。

⑨ 整体向右翻转（芯线在前面），隔一针钩出短针。

●叶子与花末端的编织方法

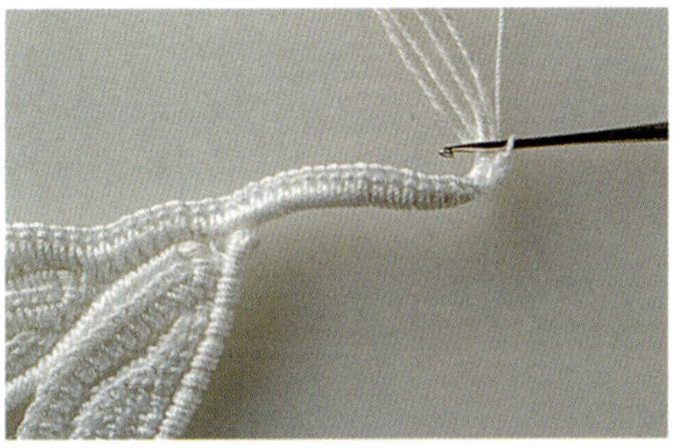

⑩ 整体向左翻转（芯线在后面）。

⑪ 间隔一针，从下一针钩出短针。

●网眼花样的钩织方法

⑫ 钩织 4 针锁针，在第一行的短针上钩织引拔针。

⑬ 在刚刚未使用的芯线上钩织一针短针。

⑭ 整体向右翻转（芯线在前面），将芯线与锁针整段挑起，钩织 3 针短针。

⑮ 接着只缠绕着芯线钩织 3 针短针。

⑯ 将锁针与芯线整段挑起，钩织 1 针短针。

●完成后将线头藏好

⑰ 芯线的线头藏在哪一面根据花样的正反面来决定。将线穿入钩织线的末端。

⑱ 挑起花样 2 条线左右，来回缝二三次，再将线头穿入花样中，剪短。

⑲ 剪短芯线。

蕾丝衣领的钩织方法

●要准备的物品

花样、花边
8……5 个　**24**、**52**、**82**、**100**……各 1 个
18、**49**……各 3 个　**16**、**83** 各 2 个　**13**……4 个 **2**……6 个　花边 **2**……领子的轮廓线 +5 厘米

工具
蕾丝针、毛衣缝针、手缝针、珠针、尺子、疏缝线、厚纸板、底布、原黏合衬、铅笔、油性笔、剪刀

●准备工作

制作纸型
在厚纸板上描出纸型的线条，按照轮廓剪出纸型。

在底布上贴黏合衬
将黏合衬有胶的部分朝上放在熨烫台上，再放上底布。用喷壶将底布喷湿，用熨斗边压边将黏合衬黏合。

实物大纸型

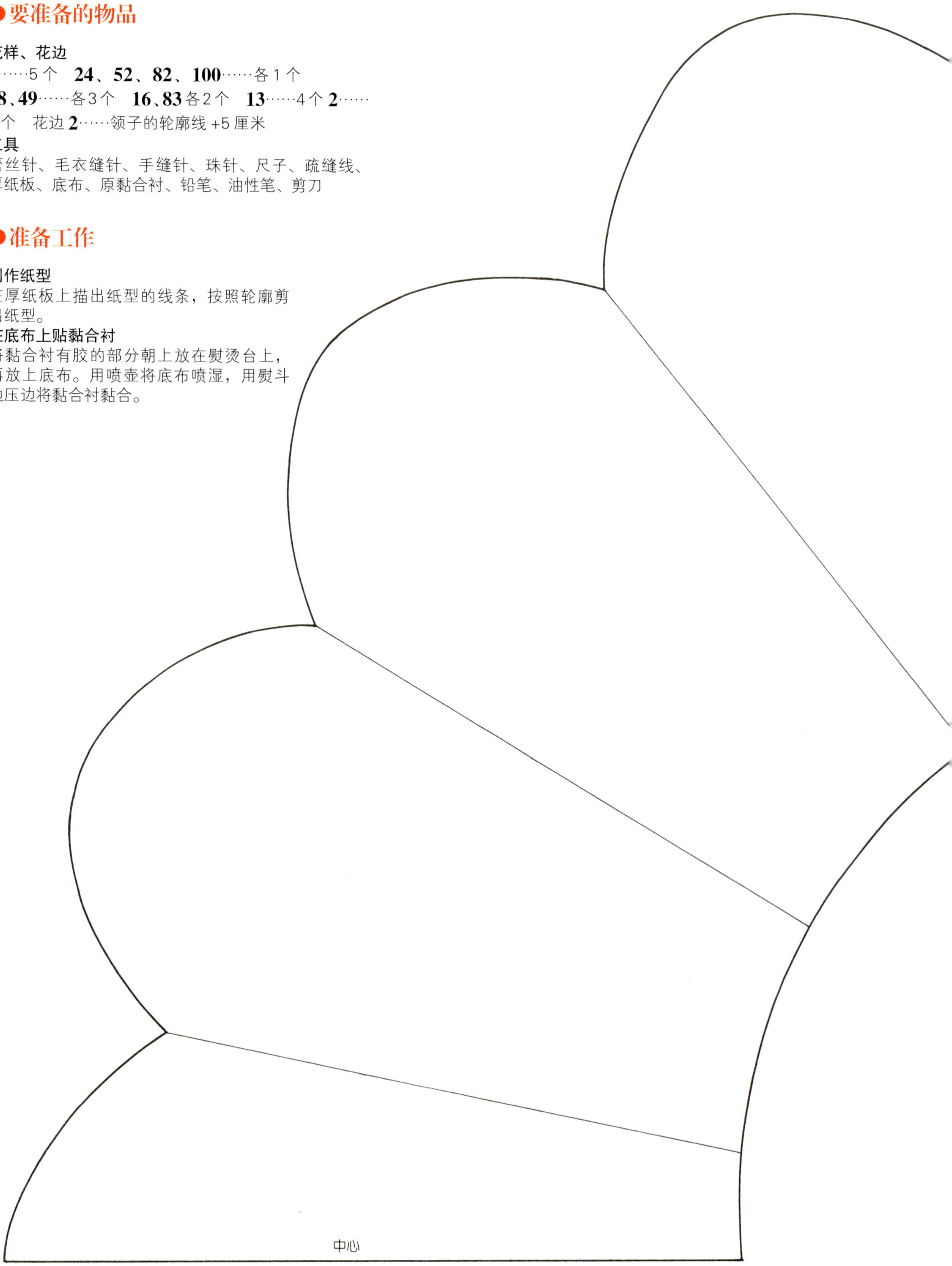

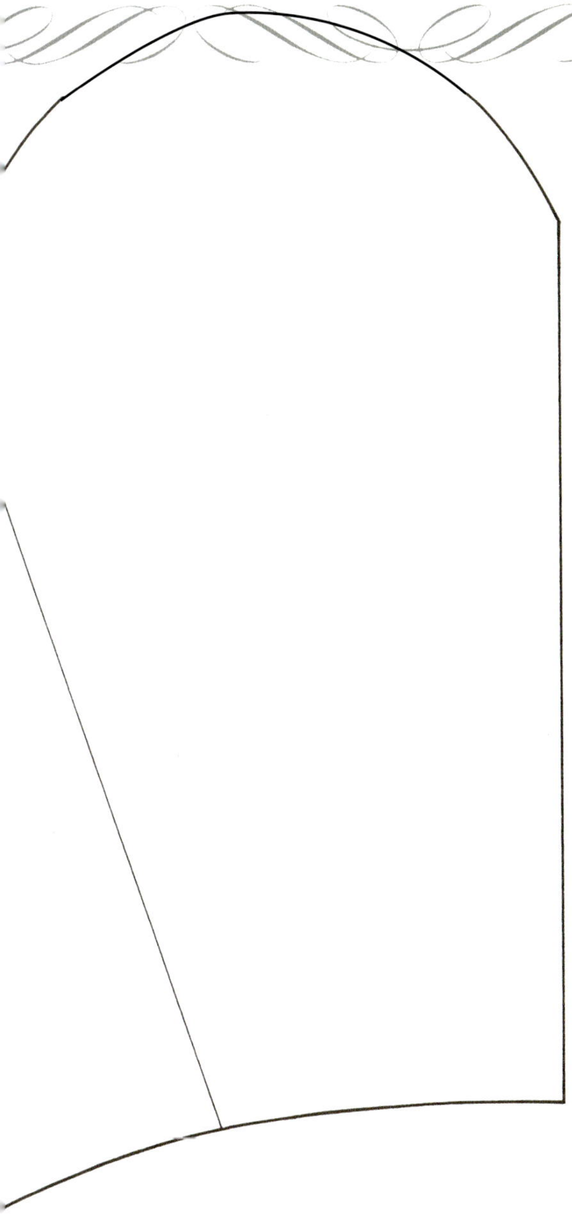

●排列花边和花样

①用油性笔在底布上画出纸型的轮廓线条，在纸型轮廓线的外侧摆好花边，并用珠针固定（反面朝上）。

②花样也是反面朝上摆放，与步骤①相同，用珠针固定。

●以网眼花样钩织填补空隙

③由于是不规则的空隙，钩织时可不必十分在意形状的大小及松紧。当一段钩织线用完时，就接入新的钩织线进行钩织（最后再藏好线头）。

●整理完成

完全钩织好后，领子仍固定在底布上，用蒸汽熨斗或喷水后进行熨烫。

④将领子从底布上取下即完成。花边接合处没办法钩得刚刚好，可先将其缝合，再将多余部分剪掉。

基础技法

●将钩织线绕在手指上成为环状

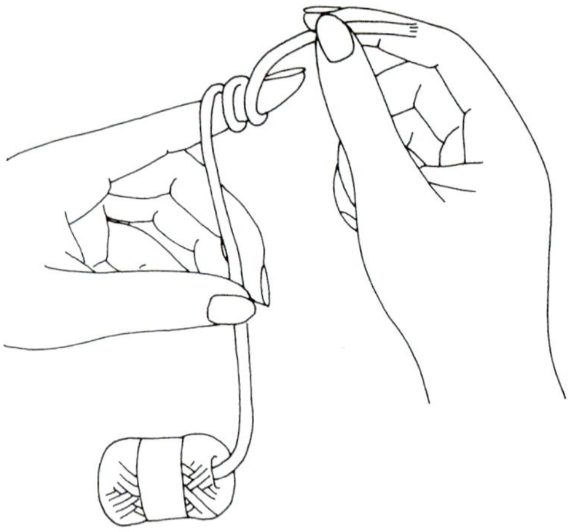

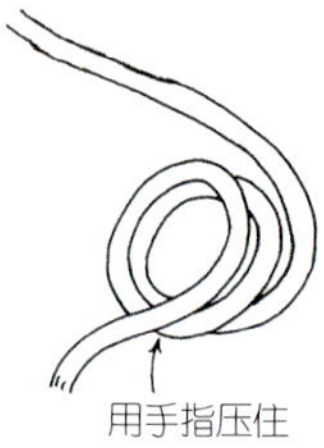

② 取下线圈，长线挂在左手上，用食指与中指压住交叉点。

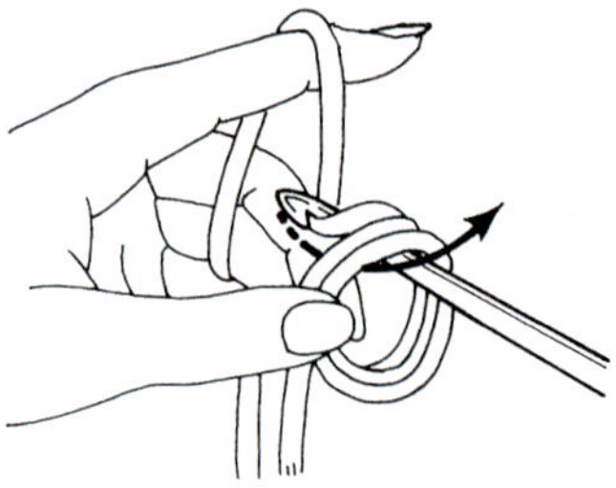

③ 将钩针插入线圈中，如图所示将线钩出。

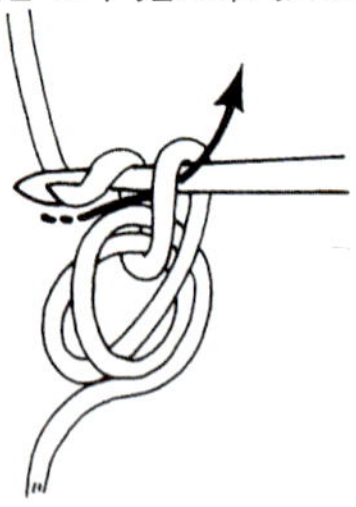

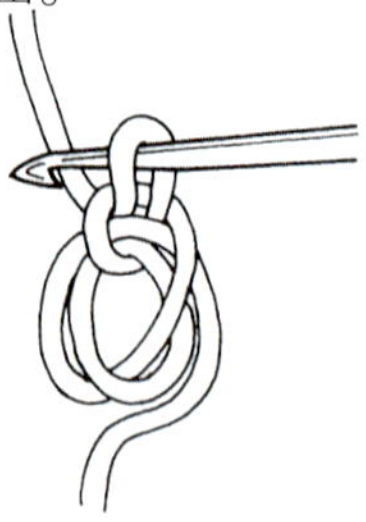

① 在手指上绕两圈线。

④ 再次挂线钩出，将针目收紧。

⑤ 完成第一针（这一针不计数）。

●在棒状物上缠绕钩织线，制成环状

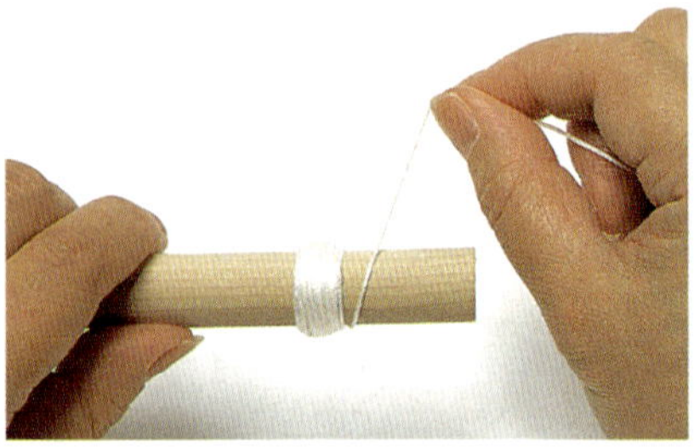

① 在铅笔或棒针上缠绕钩织线适宜的圈数。

② 注意不要将缠绕好的线圈弄散，钩织 1 针引拔针。

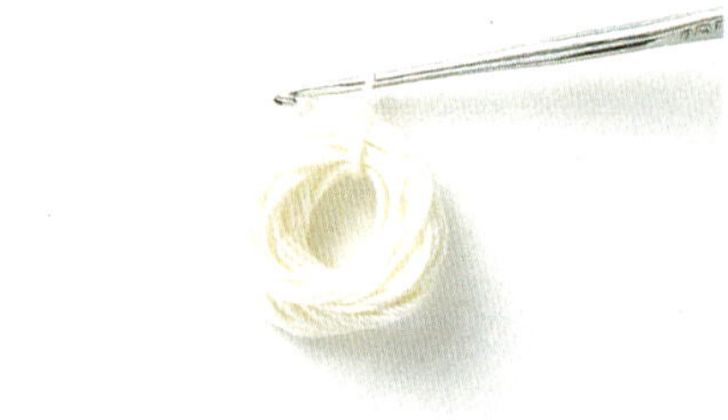

③ 接着钩织适当数量的短针。

●编入芯线

① 在此行结束的位置，在最初的短针上钩织引拔针时，加入折四折的芯线。

② 将芯线放前面，立织 1 针锁针。

③ 用芯线钩织花瓣时，在第 1 行短针上使用钩织线缠绕着芯线钩织短针。

●在 1 针上钩 2 次

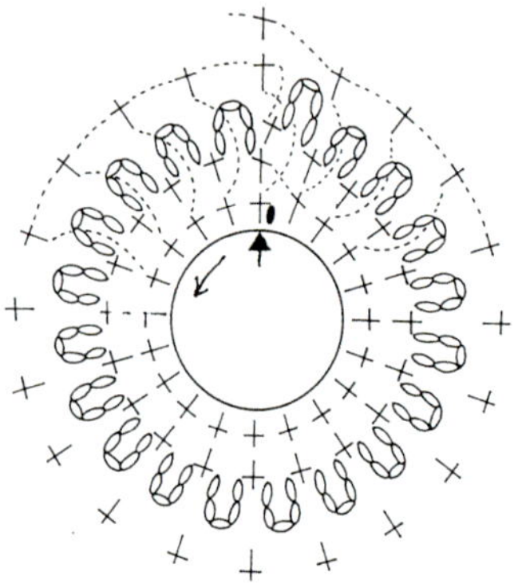

① 钩织第 2 行的短针时，挑取第 1 行短针的前半针进行钩织。

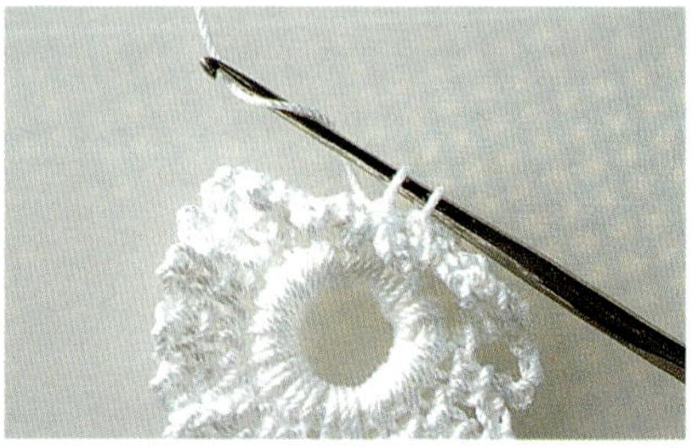

② 钩织第 3 行短针时，将第 2 行的狗牙针向前翻，挑取第 1 行短针的后半针进行钩织。

7 蓟 第 5 页

材料
钩织线 DMC Cordonnet Special 蕾丝线 40 号
芯线 DMC Cordonnet Special 蕾丝线 10 号
（4 米，折四折使用）
工具
12 号蕾丝针
钩织要点
将钩织线缠绕在芯线上开始钩织。接着钩织花心，缝在中心。

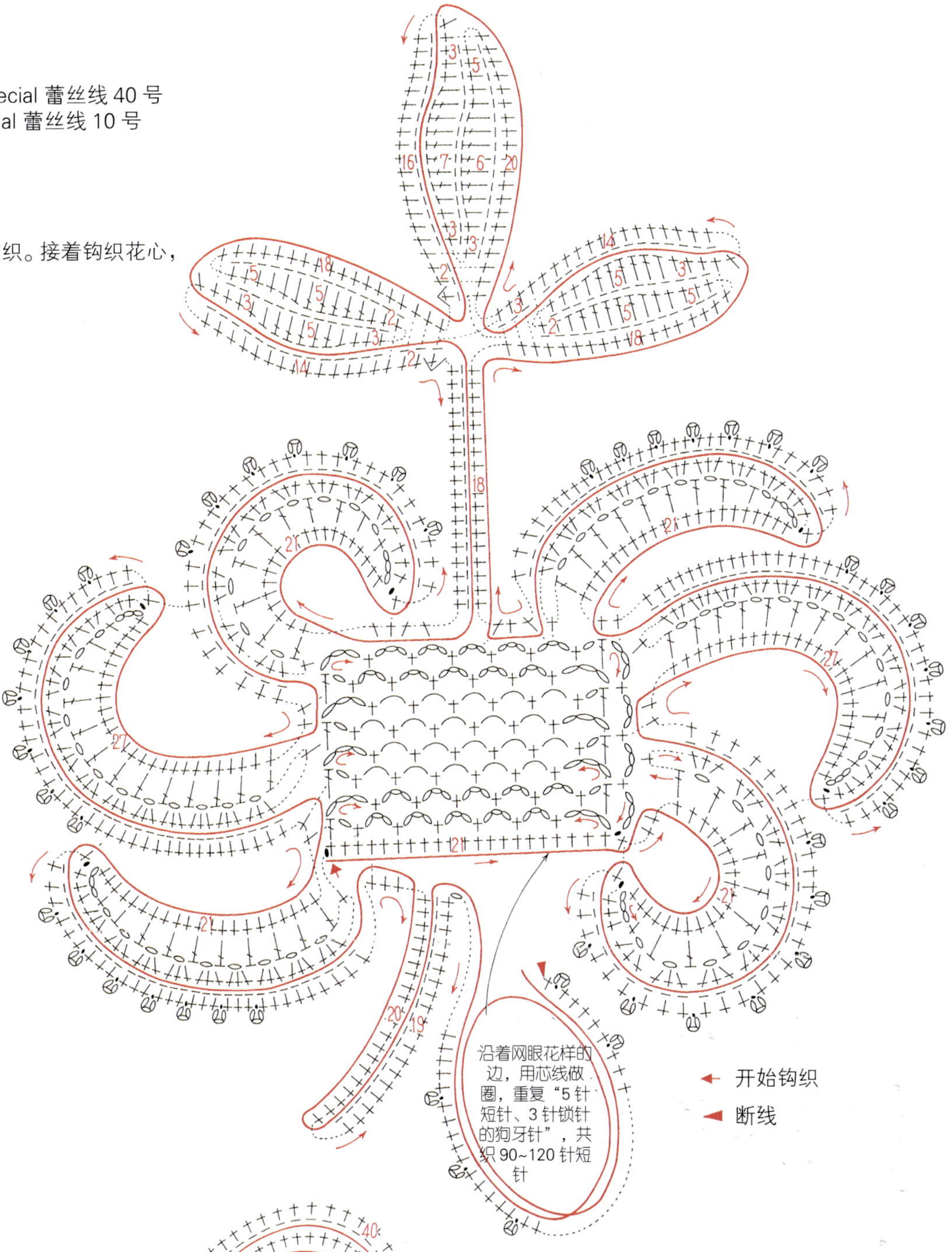

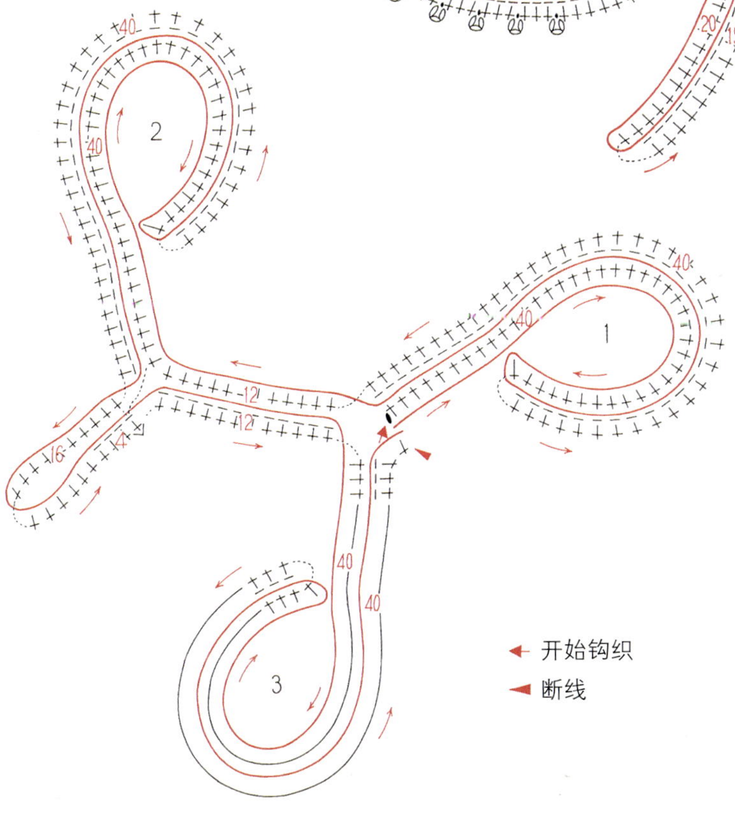

9 发条 第 5 页

材料
钩织线 DMC Cordonnet Special 蕾丝线 40 号
芯线 DMC Cordonnet Special 蕾丝线 10 号
（2 米，折四折使用）
工具
12 号蕾丝针
钩织要点
将钩织线缠绕在芯线上开始钩织。

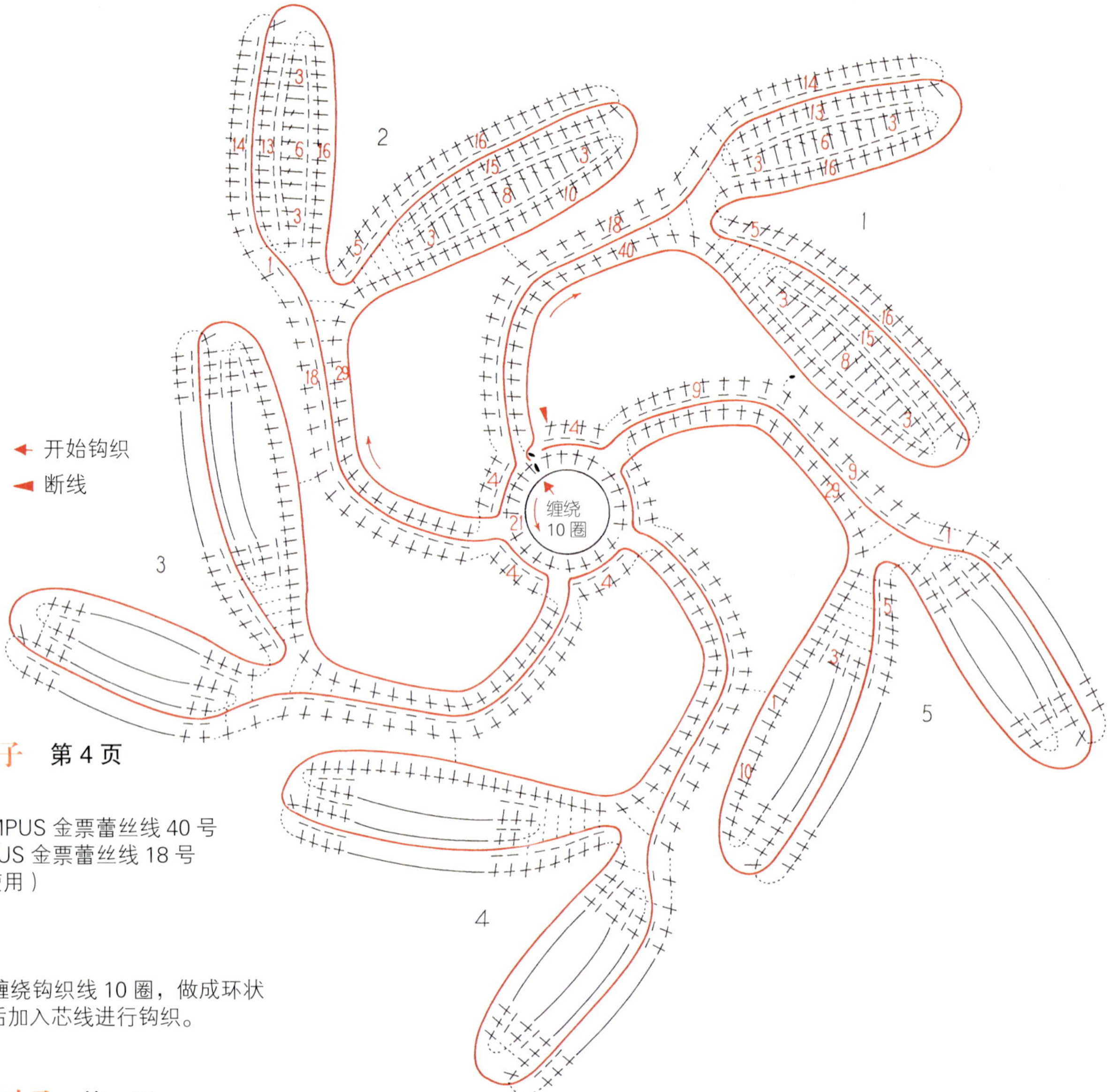

3 螺旋状叶子　第 4 页

材料
钩织线　OLYMPUS 金票蕾丝线 40 号
芯线　OLYMPUS 金票蕾丝线 18 号
（2 米，对折使用）
工具
12 号蕾丝针
钩织要点
在 9 号棒针上缠绕钩织线 10 圈，做成环状开始钩织，随后加入芯线进行钩织。

10 葡萄及叶子　第 8 页

材料
钩织线　OLYMPUS 金票蕾丝线 40 号
芯线　OLYMPUS 金票蕾丝线 18 号
（2.5 米，对折使用）
工具
12 号蕾丝针
钩织要点
在铅笔粗细的棒状物上缠绕钩织线 20 圈，做成环状，并将 2~12 的花心一并做好，从 1 开始钩织。在钩织叶子时加入芯线进行钩织。

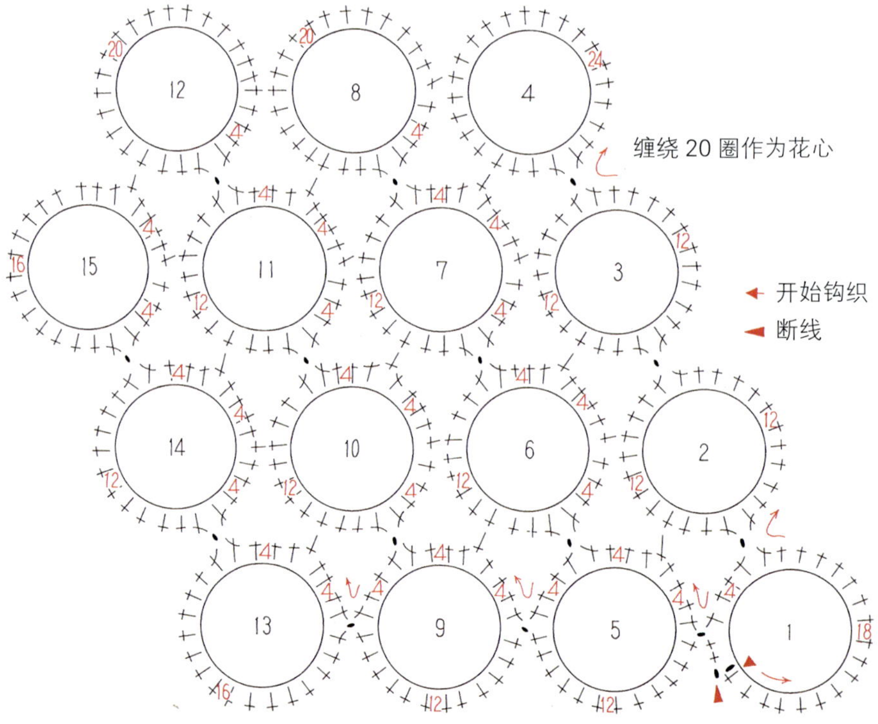

●花心的缠绕方法

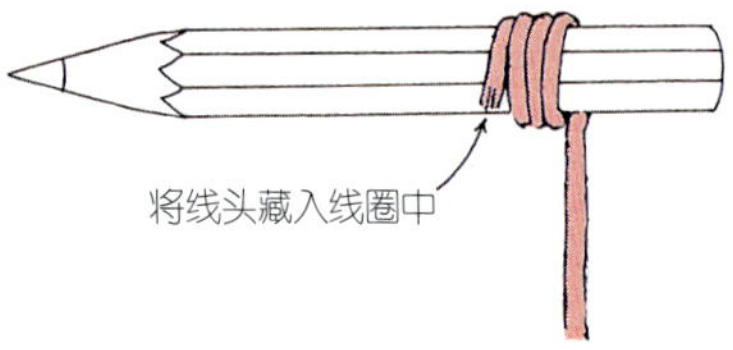

17 羽毛装饰　第 9 页

材料
钩织线　OLYMPUS 金票蕾丝线 40 号
芯线　OLYMPUS 金票蕾丝线 18 号
（2 米，对折使用）
工具
12 号蕾丝针
钩织要点
在铅笔粗细的棒状物上缠绕钩织线 20 圈，做成环状开始钩织，随后加入芯线进行钩织。

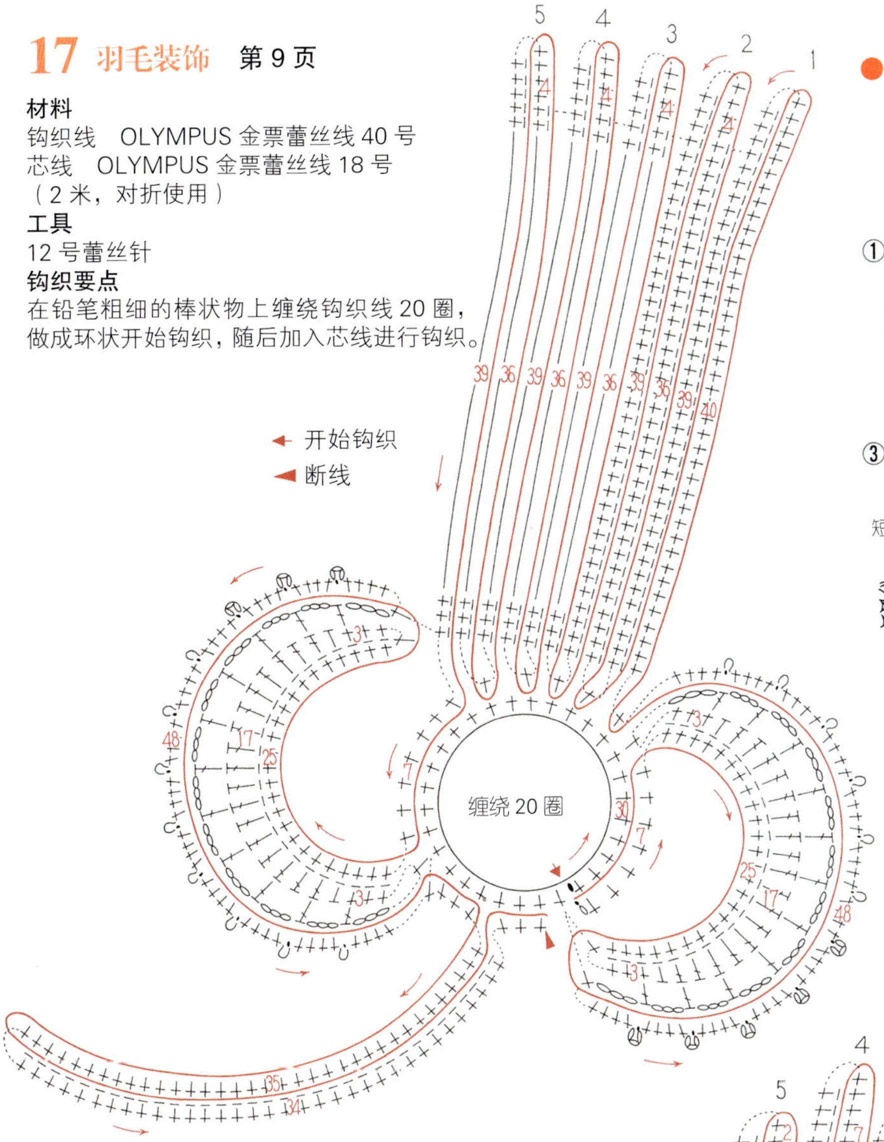

● 3 针锁针引拔的狗牙针

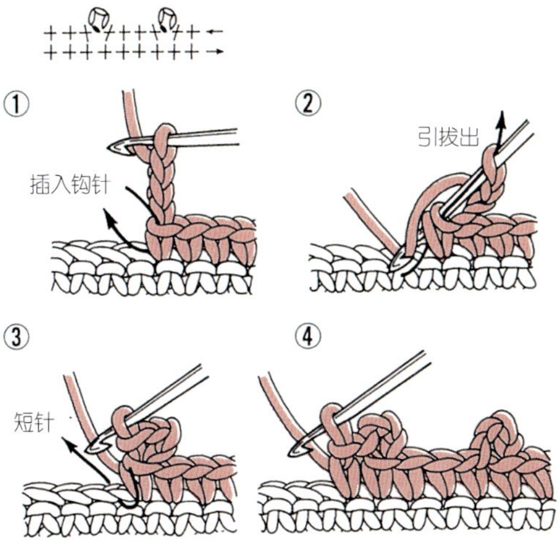

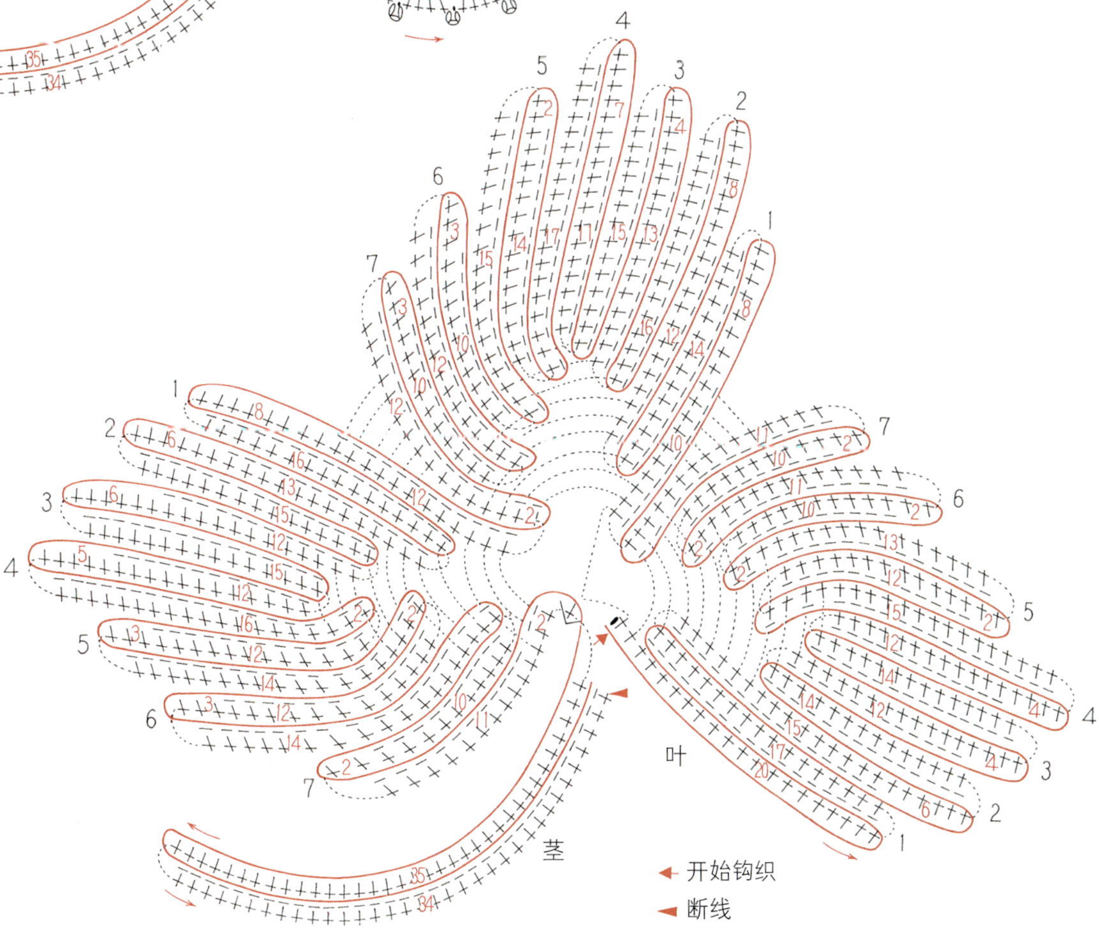

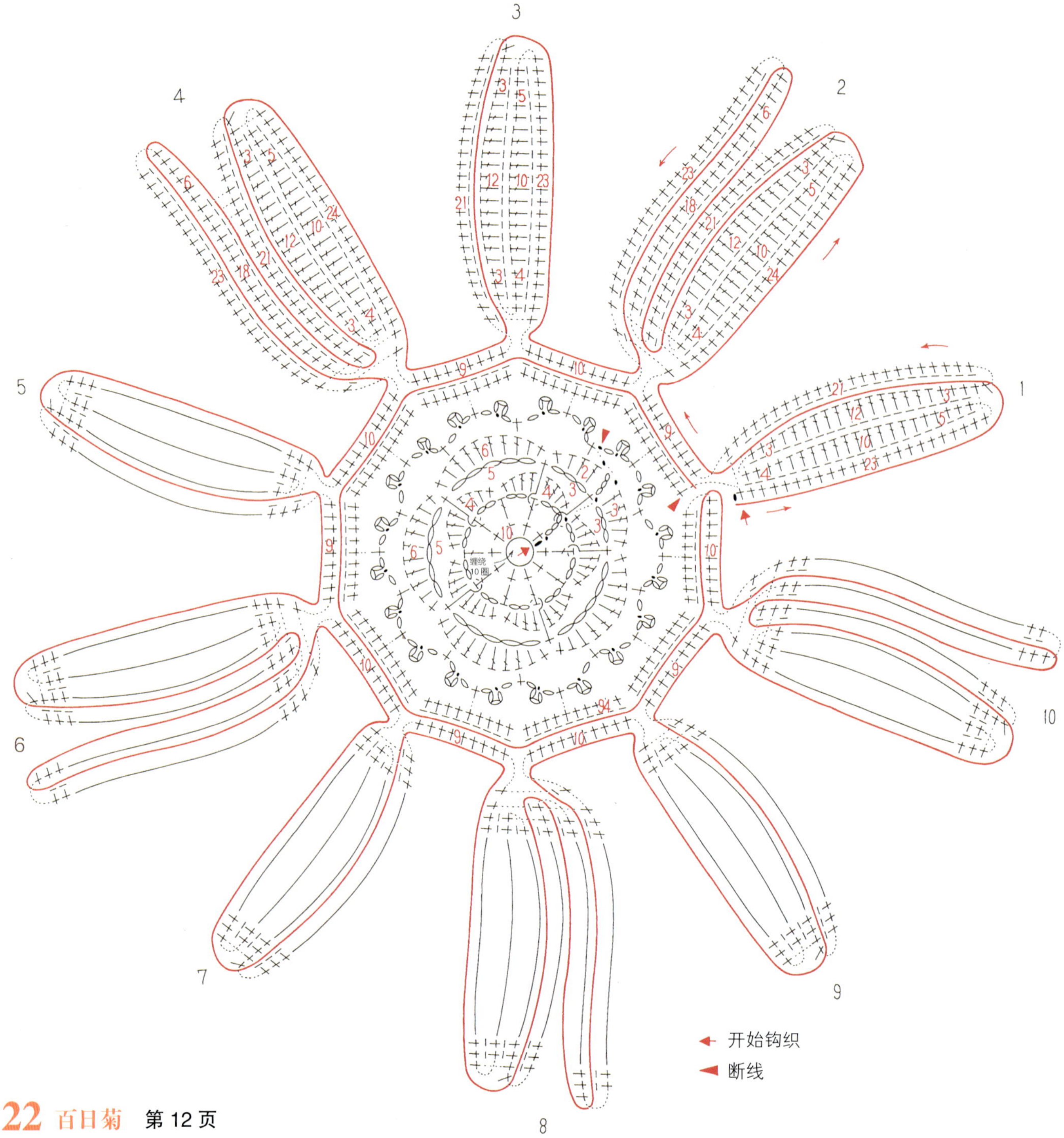

22 百日菊　第 12 页

材料

钩织线　DMC Cordonnet Special 蕾丝线 40 号
芯线　DMC Cordonnet Special 蕾丝线 10 号
（6 米，折四折使用）

工具

12 号蕾丝针

钩织要点

花瓣是将钩织线缠绕在芯线上开始钩织，最后缝合成为环状。花心是在 3 号针上缠绕钩织线 10 圈，做成环状开始钩织，最后一行与花瓣的内侧用短针进行连接。

21 落花　第 12 页

材料

钩织线　DMC Cordonnet Special 蕾丝线 40 号
芯线　DMC Cordonnet Special 蕾丝线 10 号
（1.5 米，折四折使用）

工具

12 号蕾丝针

钩织要点

在 9 号针上缠绕钩织线 20 圈，做成环状开始钩织，在最后一行加入芯线进行钩织。

24 玉米花　第 13 页

材料

钩织线　OLYMPUS 金票蕾丝线 40 号

芯线　OLYMPUS 金票蕾丝线 18 号

（2 米，对折使用）

工具

12 号蕾丝针

钩织要点

将钩织线缠绕在芯线上开始钩织。花心连在一起钩织，缝在花的中心。

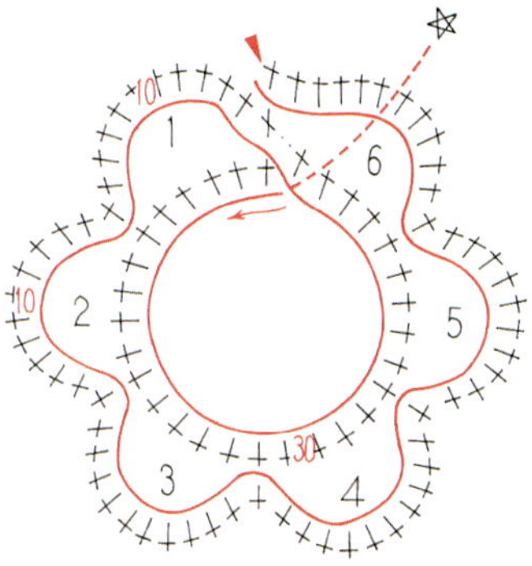

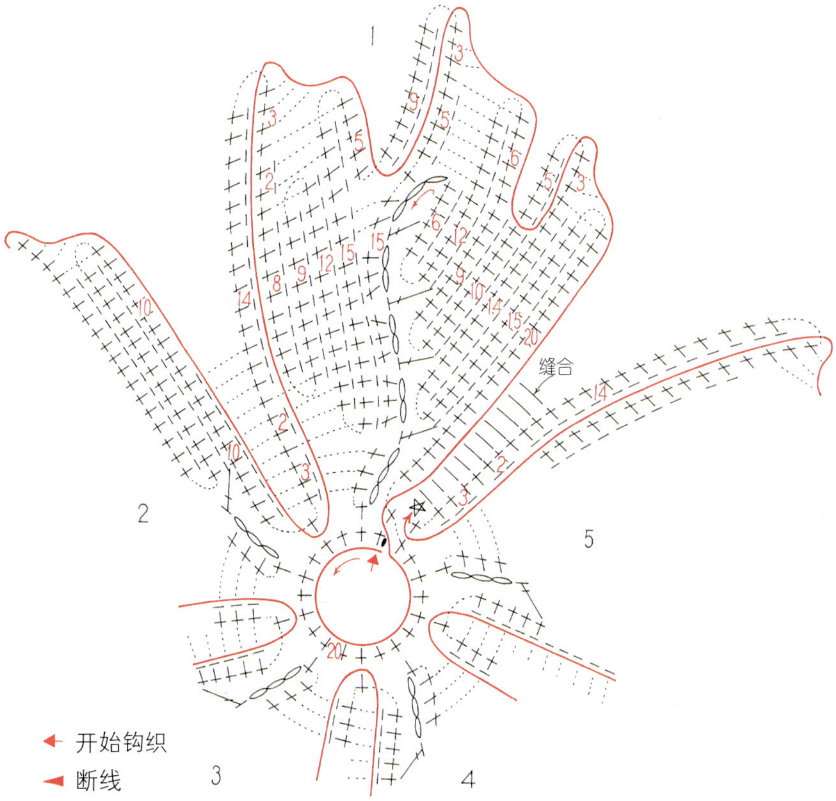

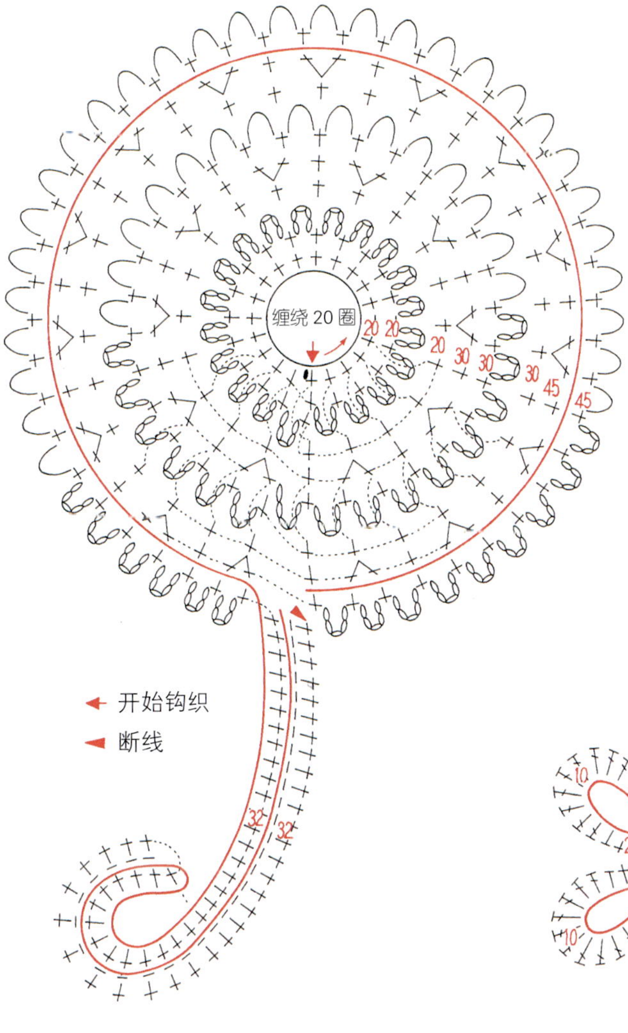

26 爱尔兰竖琴　第 13 页

材料

钩织线　OLYMPUS 金票蕾丝线 40 号

芯线　OLYMPUS 金票蕾丝线 18 号

（1 米，对折使用）

工具

12 号蕾丝针

钩织要点

将钩织线缠绕在芯线上开始钩织。

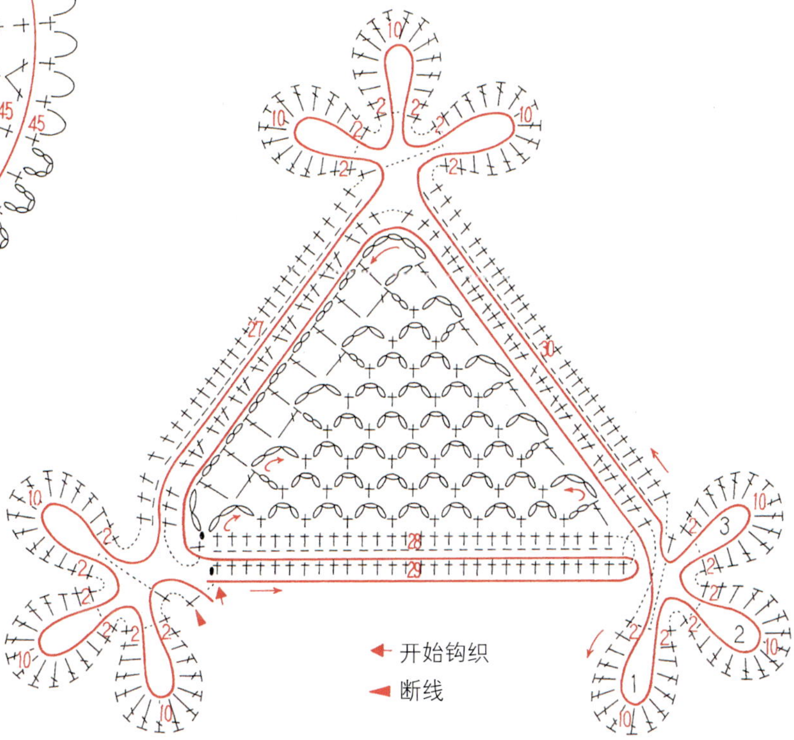

27 花束 第 17 页

材料
钩织线 DMC Cordonnet Special 蕾丝线 40 号
芯线 DMC Cordonnet Special 蕾丝线 10 号
（5 米，折四折使用）
工具
12 号蕾丝针
钩织要点
在铅笔粗细的棒状物上缠绕钩织线 30 圈，做成环状开始钩织，随后加入芯线进行钩织。

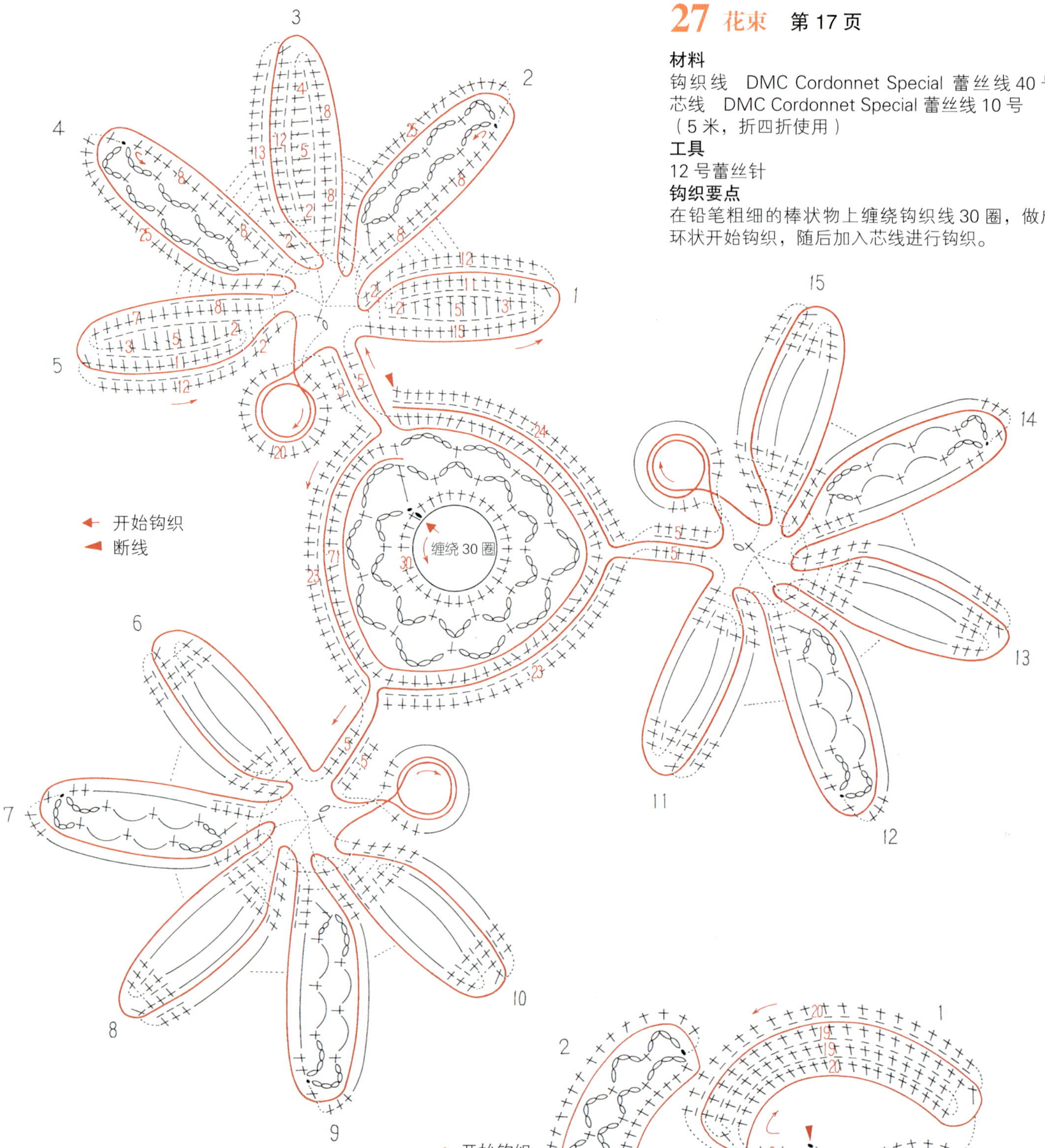

开始钩织
断线

33 金丝桃 第 19 页

材料
钩织线 SKI 蕾丝线 40 号
芯线 SKI 蕾丝线 20 号
（2 米，对折使用）
工具
12 号蕾丝针
钩织要点
将钩织线缠绕在芯线上开始钩织。

开始钩织
断线

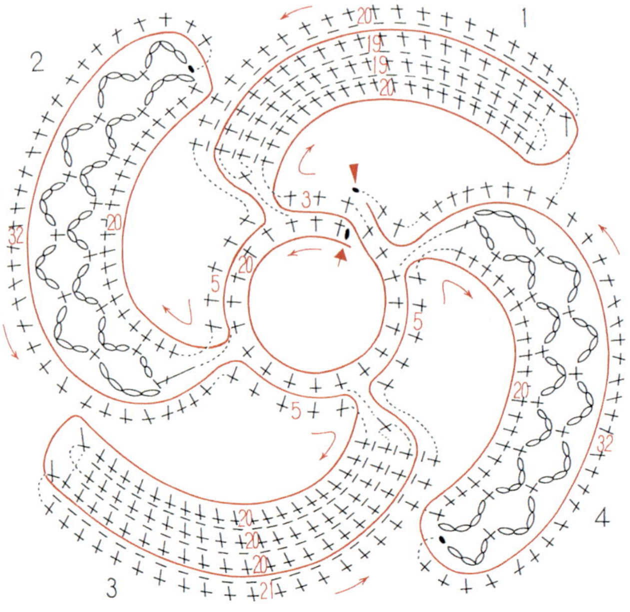

30 秋海棠　第 19 页

材料

钩织线　OLYMPUS 金票蕾丝线 40 号
芯线　OLYMPUS 金票蕾丝线 18 号
（2 根 1 米，对折使用）

工具

12 号蕾丝针

钩织要点

花瓣的中心以 10 针锁针织成环状开始钩织，在钩织花瓣的边的时候加入芯线进行钩织。花心是将钩织线缠绕在芯线上开始钩织。

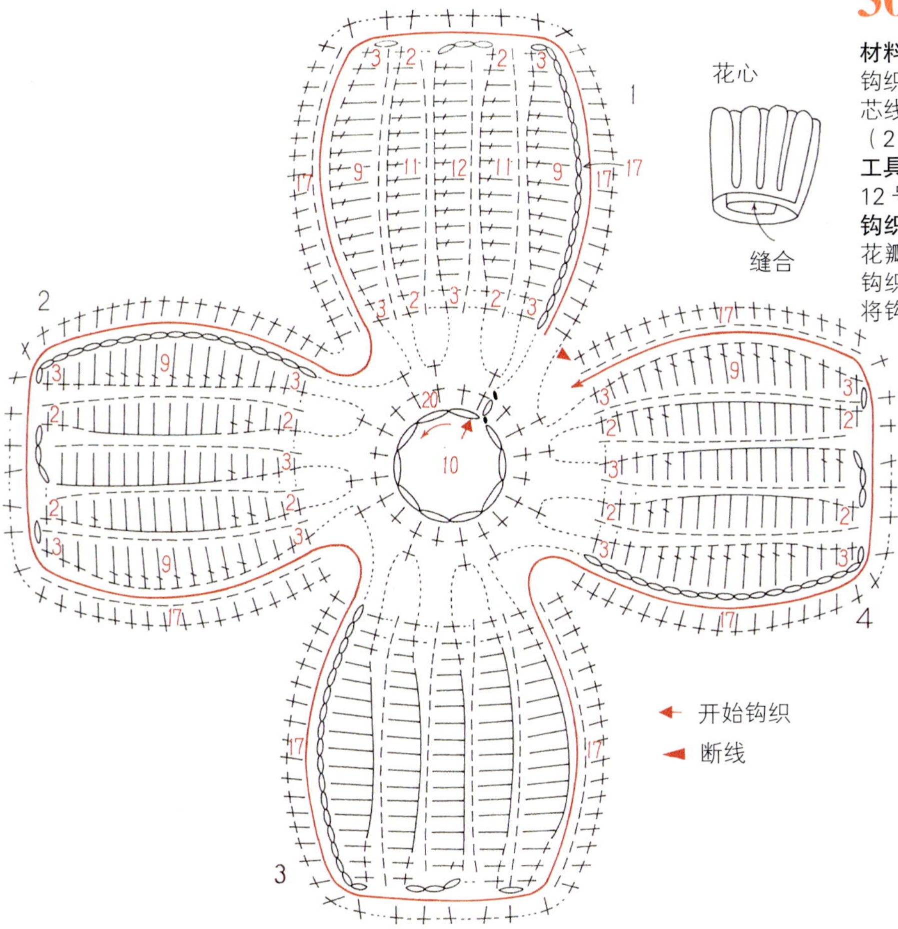

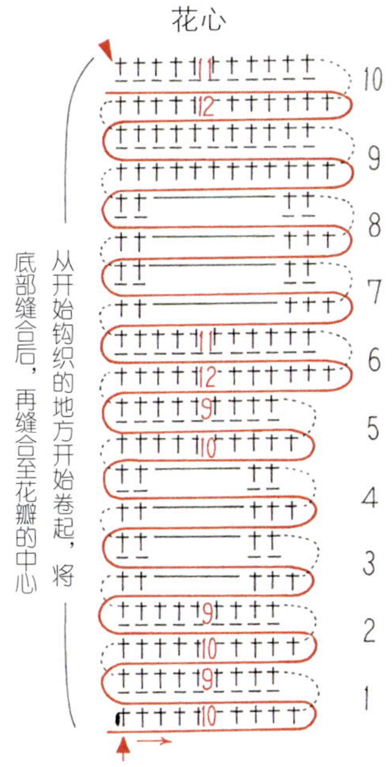

42 草莓的叶子　第 25 页

材料

钩织线　OLYMPUS 金票蕾丝线 40 号
芯线　OLYMPUS 金票蕾丝线 18 号
（1.5 米，对折使用）

工具

12 号蕾丝针

钩织要点

将钩织线缠绕在芯线上开始钩织。

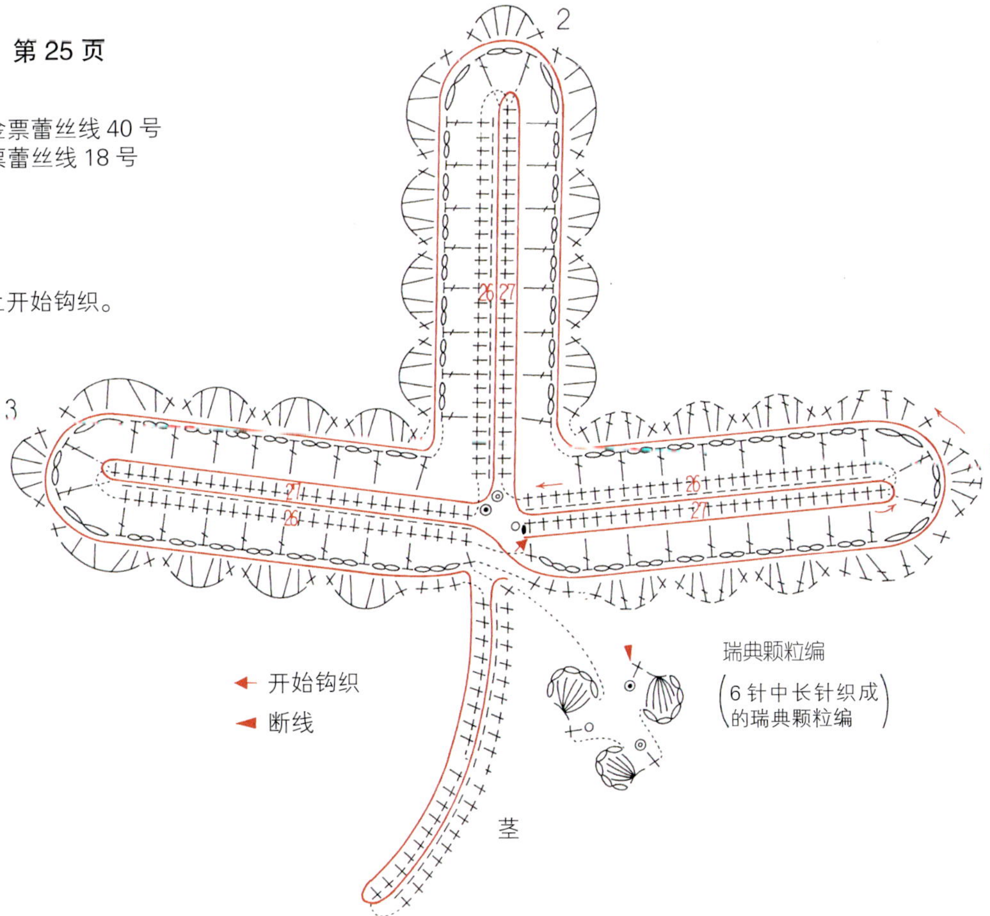

37 爱尔兰竖琴　第 21 页

材料
钩织线　OLYMPUS 金票蕾丝线 40 号
芯线　OLYMPUS 金票蕾丝线 18 号
（1.5 米，对折使用）
工具
12 号蕾丝针
钩织要点
将钩织线缠绕在芯线上开始钩织。

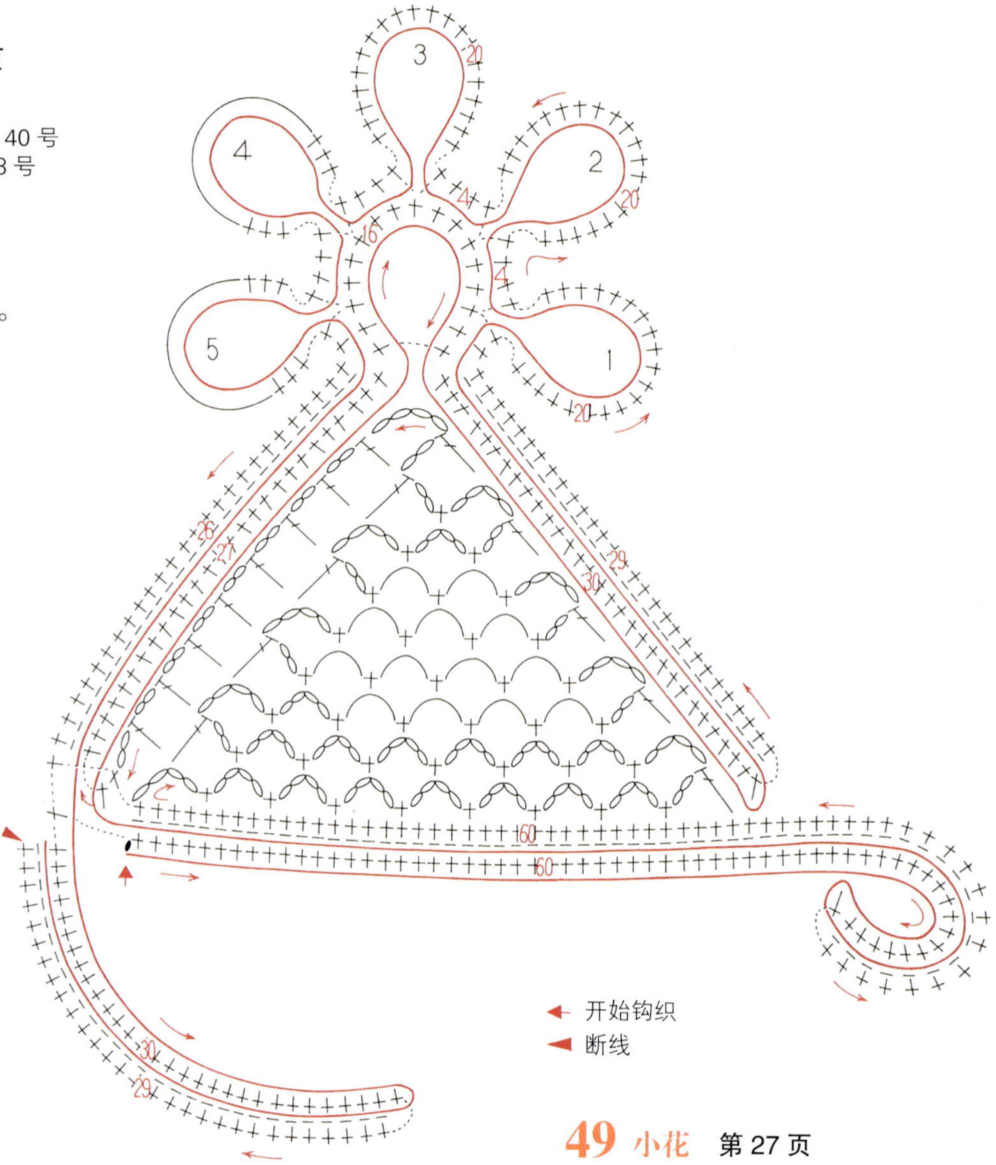

◄ 开始钩织
◄ 断线

49 小花　第 27 页

材料
钩织线　DARUMA 黄金系列蕾丝线 40 号
工具
12 号蕾丝针
钩织要点
在 9 号棒针上缠绕钩织线 10 圈，做成环状开始钩织。

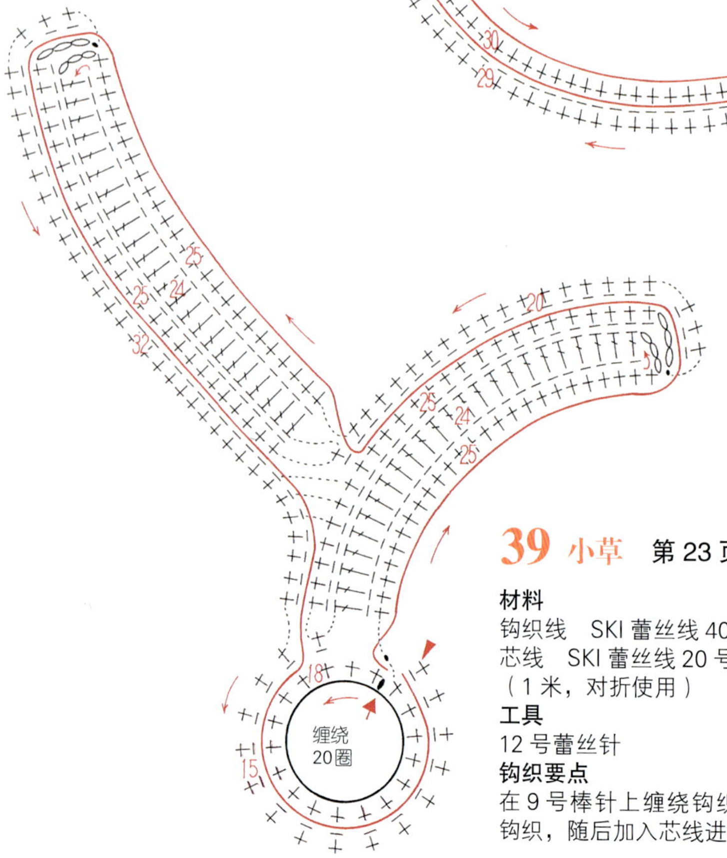

39 小草　第 23 页

材料
钩织线　SKI 蕾丝线 40 号
芯线　SKI 蕾丝线 20 号
（1 米，对折使用）
工具
12 号蕾丝针
钩织要点
在 9 号棒针上缠绕钩织线 20 圈，做成环状开始钩织，随后加入芯线进行钩织。

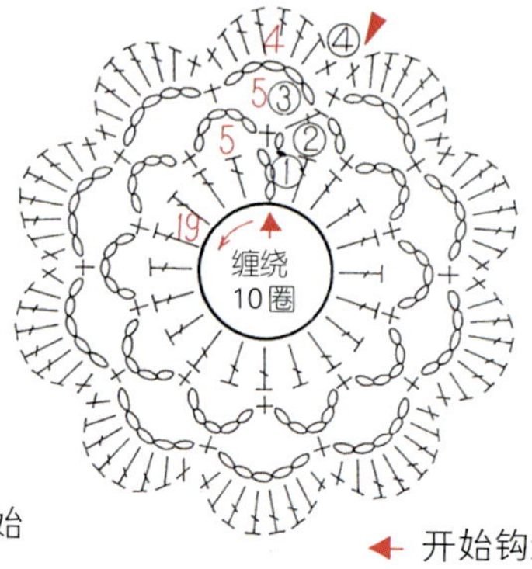

◄ 开始钩织
◄ 断线

48 蓟　第 27 页

材料
钩织线　DARUMA 黄金系列蕾丝线 40 号
芯线　DARUMA 比马棉蕾丝线 20 号
（1.5 米，对折使用）
工具
12 号蕾丝针
钩织要点
在 9 号棒针上缠绕钩织线 10 圈，做成环状开始钩织，随后加入芯线进行钩织。

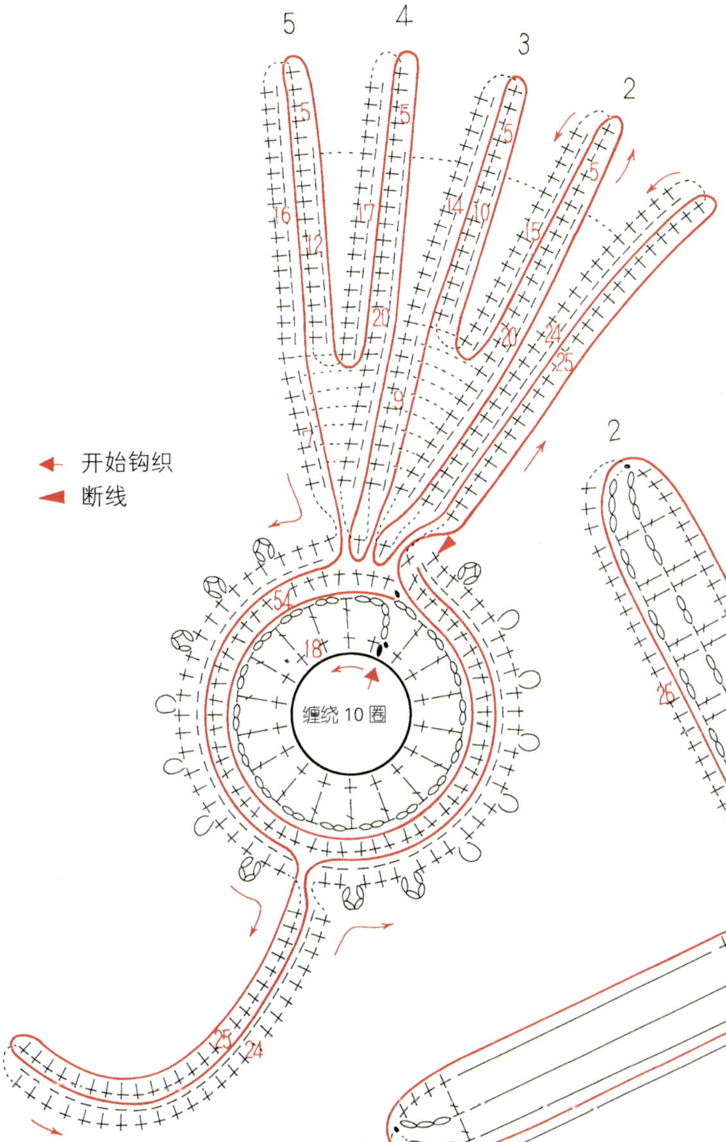

47 小草　第 27 页

材料
钩织线　DARUMA 黄金系列蕾丝线 40 号
芯线　DARUMA 比马棉蕾丝线 20 号
（1.5 米，对折使用）
工具
12 号蕾丝针
钩织要点
将钩织线缠绕在芯线上开始钩织。

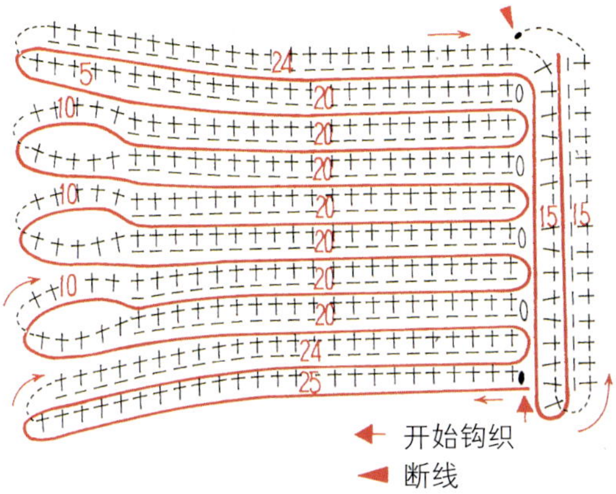

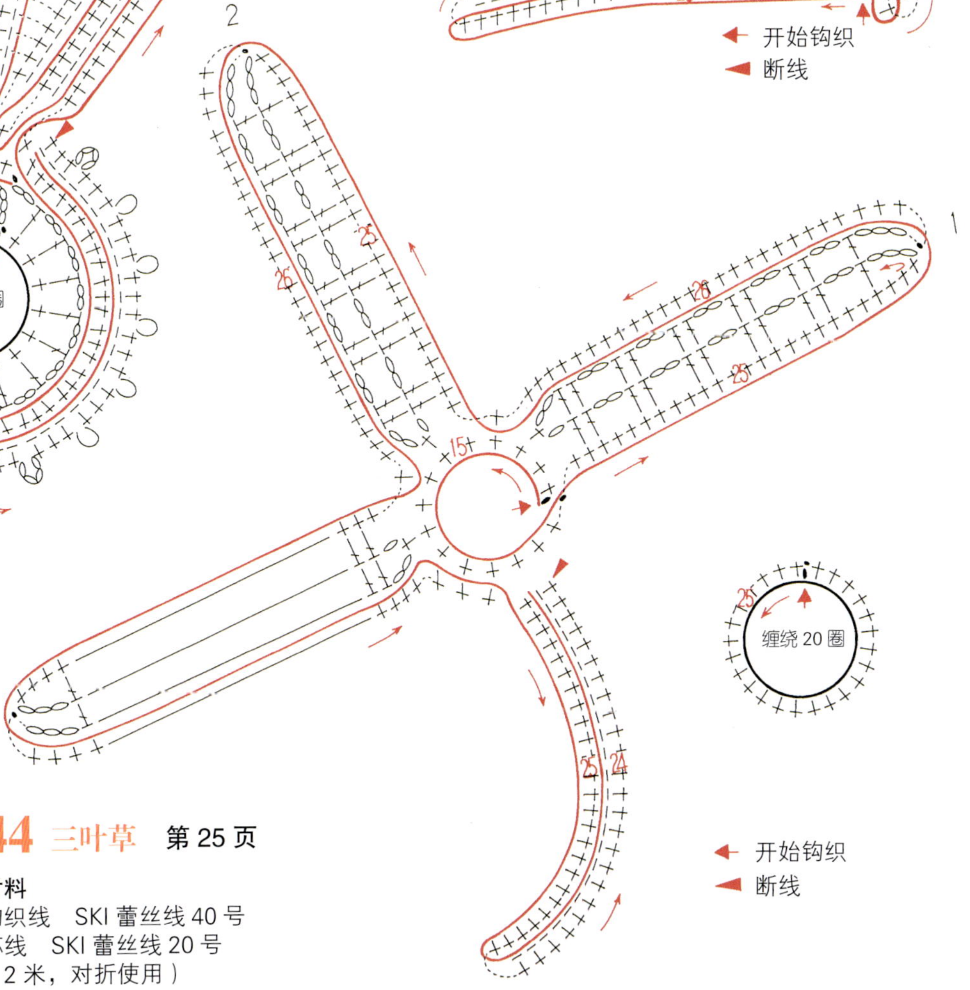

44 三叶草　第 25 页

材料
钩织线　SKI 蕾丝线 40 号
芯线　SKI 蕾丝线 20 号
（2 米，对折使用）
工具
12 号蕾丝针
钩织要点
叶子是将钩织线缠绕在芯线上开始钩织。中心部分是在铅笔粗细的棒状物上缠绕钩织线 20 圈，做成环状，钩织 25 针短针与叶子缝合。

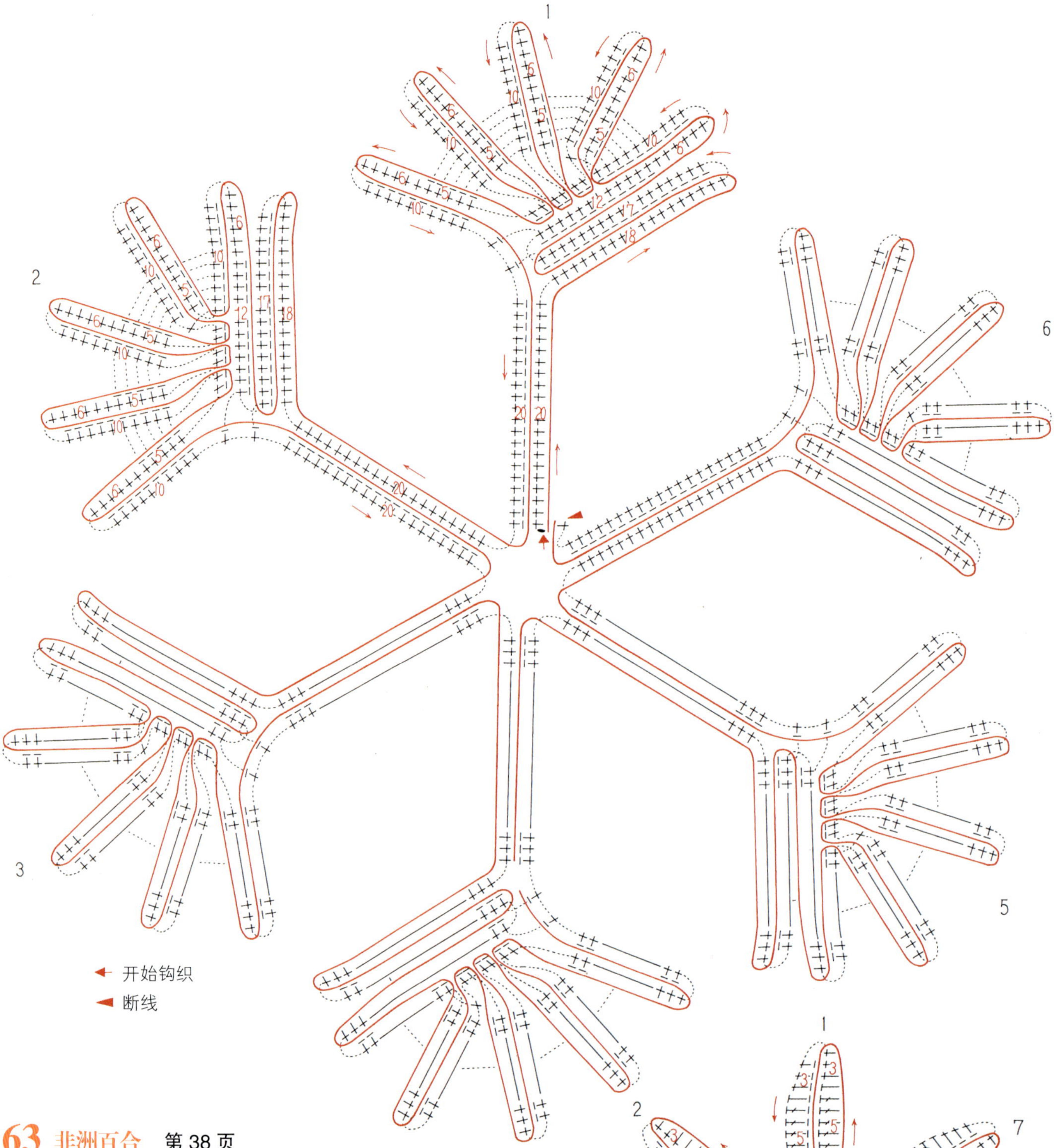

◀ 开始钩织

◀ 断线

63 非洲百合 第 38 页

材料

钩织线 DMC Cordonnet Special 蕾丝线 40 号

芯线 DMC Cordonnet Special 蕾丝线 10 号

（6 米，折四折使用）

工具

12 号蕾丝针

钩织要点

叶子是将钩织线缠绕在芯线上开始钩织。花瓣是在 9 号棒针上缠绕钩织线 10 圈，做成环状开始钩织，随后加入芯线进行钩织。将叶子、花瓣重叠，在花心部分放入球状面巾纸后缝合。

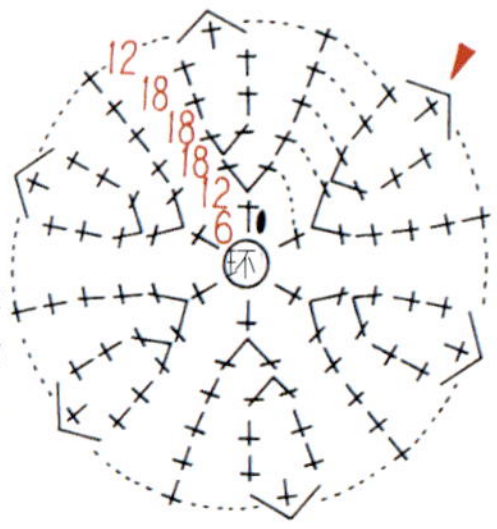

※ 将背面作为正面使用

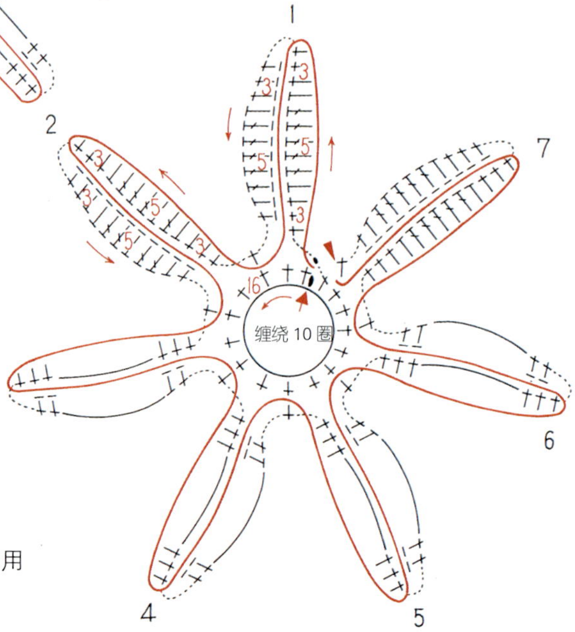

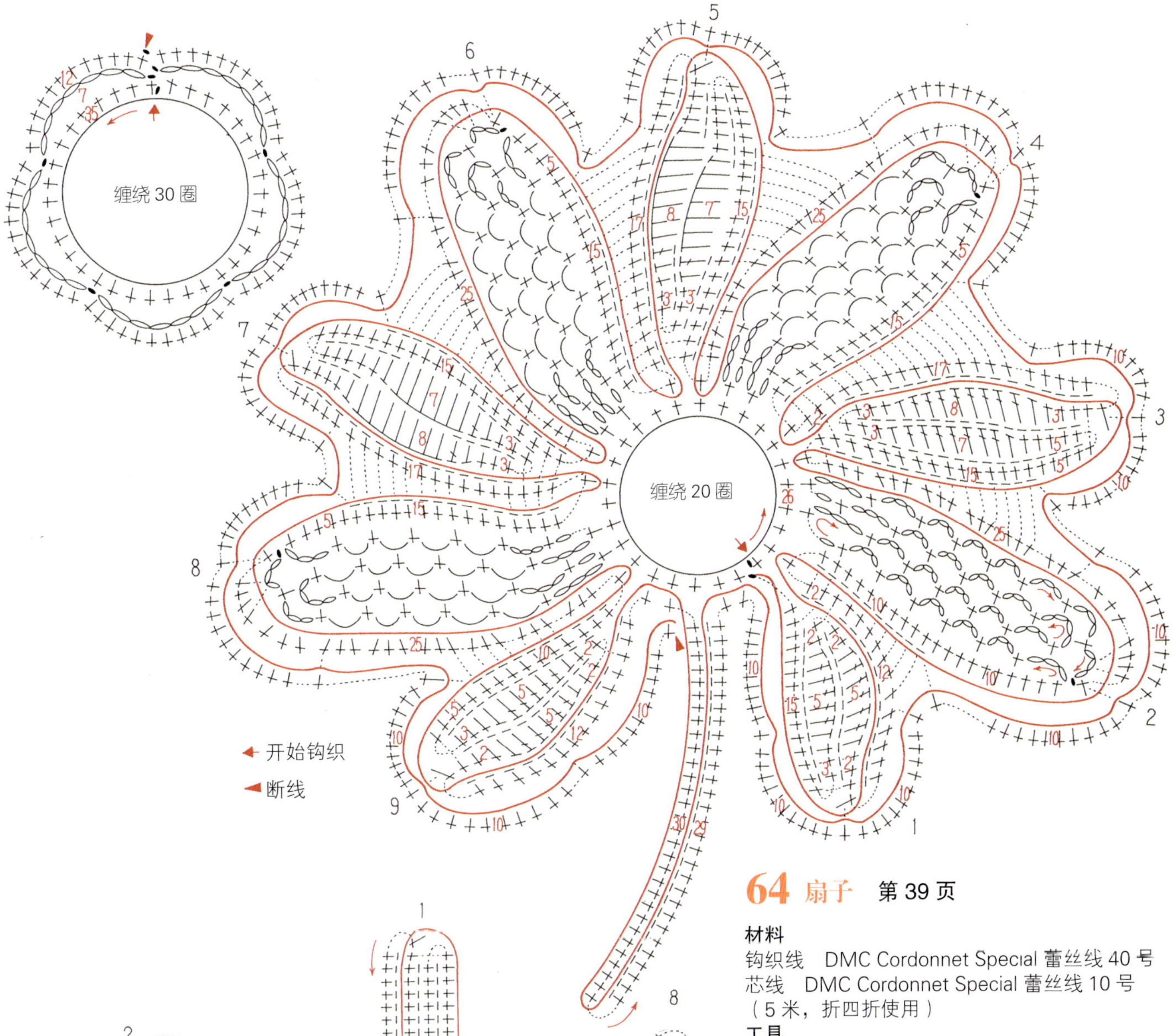

64 扇子　第 39 页

材料

钩织线　DMC Cordonnet Special 蕾丝线 40 号
芯线　DMC Cordonnet Special 蕾丝线 10 号
（5 米，折四折使用）

工具

12 号蕾丝针

钩织要点

主体是在铅笔粗细的棒状物上缠绕钩织线 20 圈，做成环状开始钩织，随后加入芯线进行钩织。中心部分是将钩织线缠绕在比铅笔略粗的棒状物上共 30 圈，做成环状开始钩织，再缝合在主体的中心。

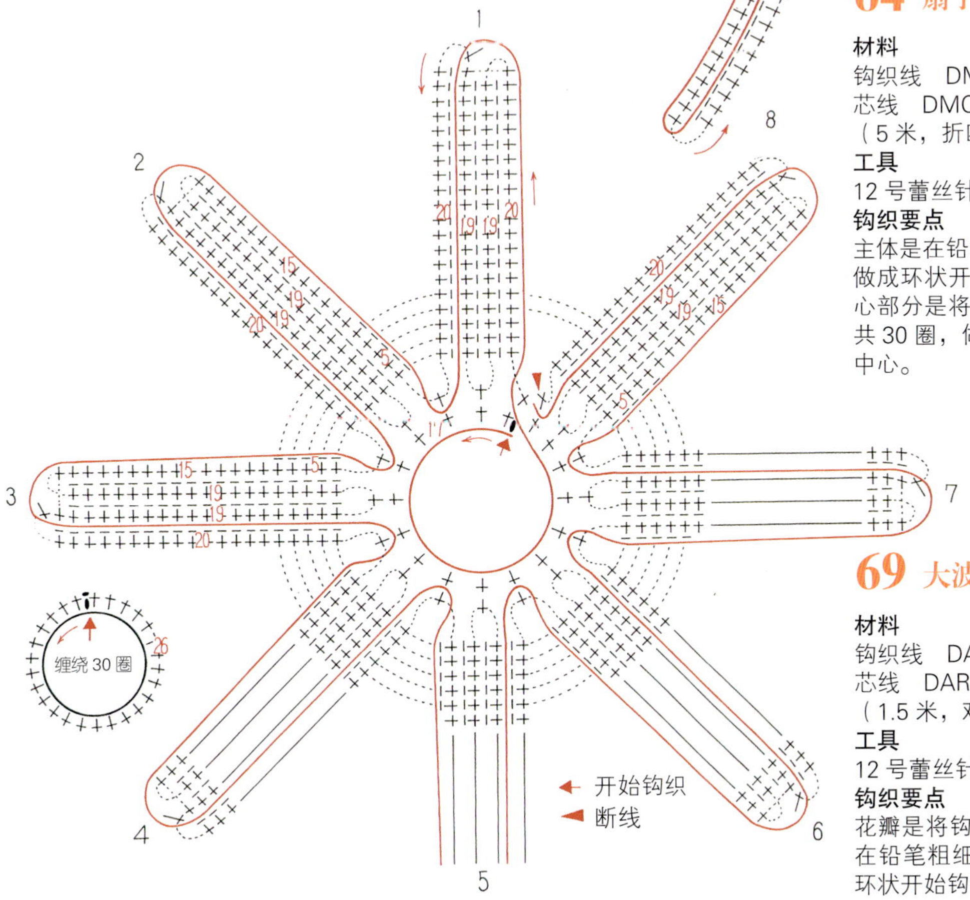

69 大波斯菊　第 42 页

材料

钩织线　DARUMA 黄金系列蕾丝线 40 号
芯线　DARUMA 比马棉蕾丝线 20 号
（1.5 米，对折使用）

工具

12 号蕾丝针

钩织要点

花瓣是将钩织线缠绕在芯线上开始钩织。花心是在铅笔粗细的棒状物上缠绕钩织线 30 圈，做成环状开始钩织，再缝合在花瓣的中心。

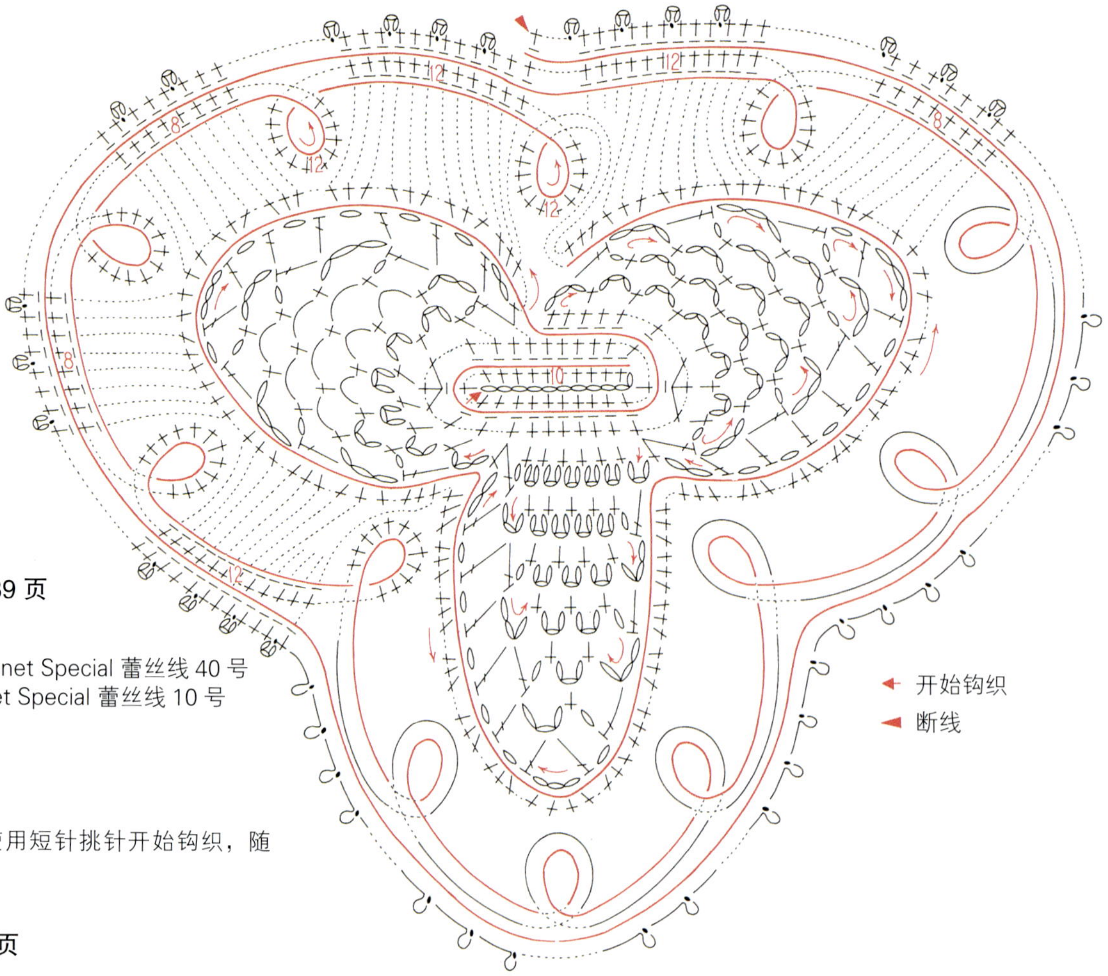

66 三角形　第 39 页

材料
钩织线　DMC Cordonnet Special 蕾丝线 40 号
芯线　DMC Cordonnet Special 蕾丝线 10 号
（3 米，折四折使用）
工具
12 号蕾丝针
钩织要点
以锁针 10 针起针，使用短针挑针开始钩织，随后加入芯线进行钩织。

77 玉米　第 47 页

材料
钩织线　OLYMPUS 金票蕾丝线 40 号
芯线　OLYMPUS 金票蕾丝线 18 号
（2.5 米，对折使用）
工具
12 号蕾丝针
钩织要点
以锁针 37 针起针，钩织 5 行网眼花样，随后加入芯线进行钩织。

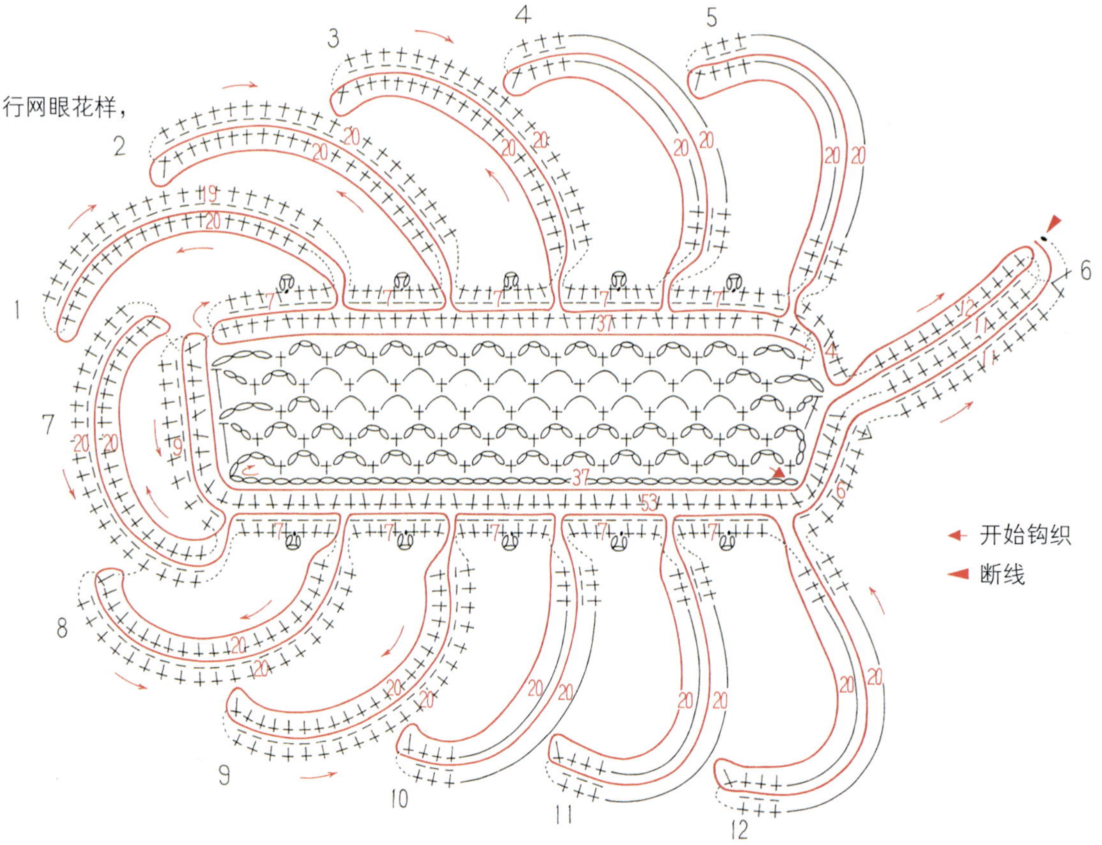

74 凤尾草　第 46 页

材料

钩织线　DMC Cordonnet Special 蕾丝线 40 号

芯线　DMC Cordonnet Special 蕾丝线 10 号

（5 米，折四折使用）

工具

12 号蕾丝针

钩织要点

将钩织线缠绕在芯线上开始钩织。

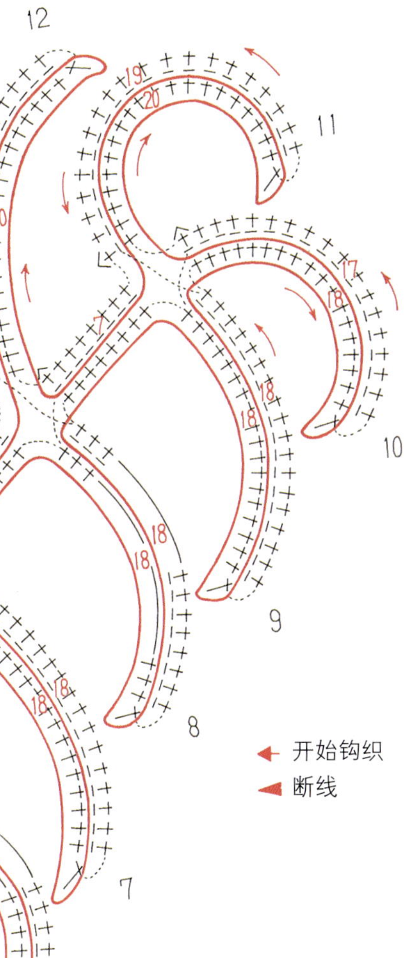
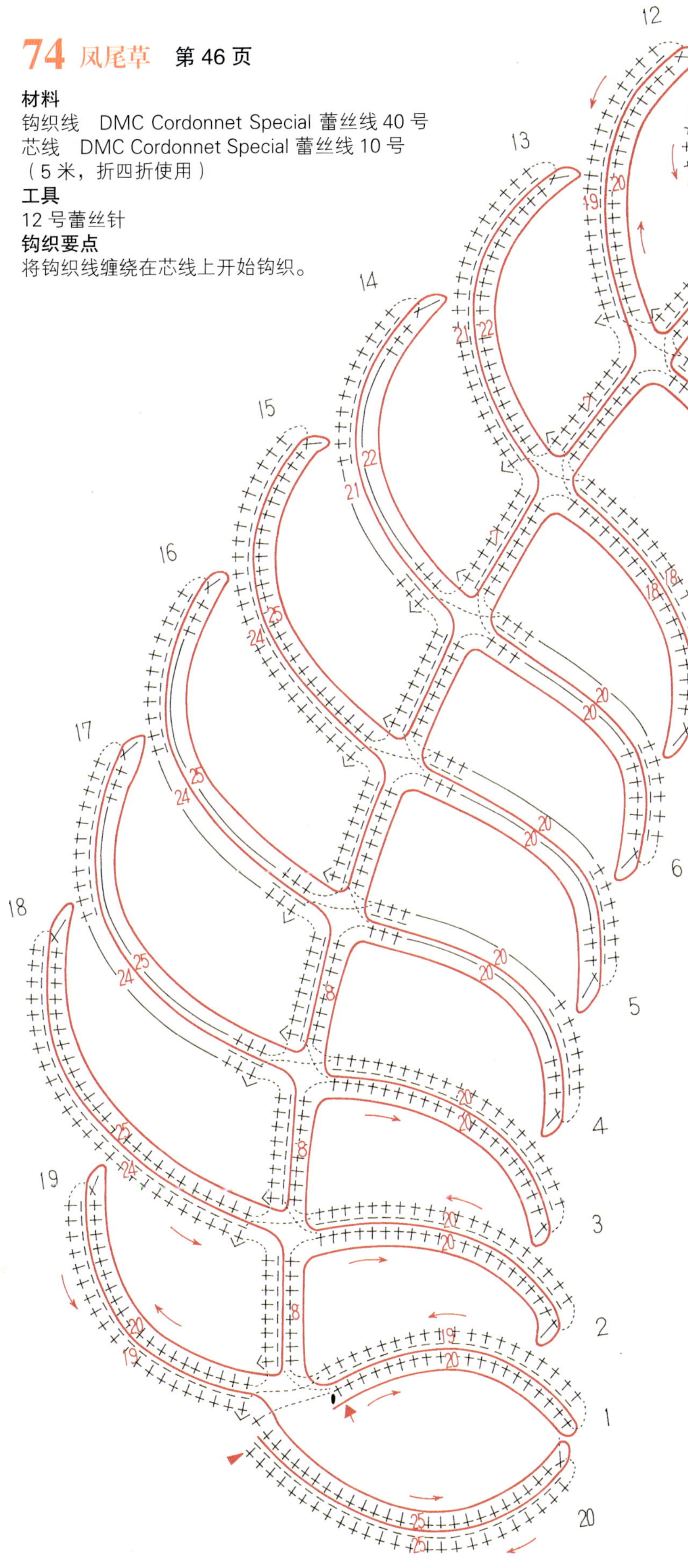

◄ 开始钩织

◄ 断线

83 新芽　第 51 页

材料

钩织线　OLYMPUS 金票蕾丝线 40 号

芯线　OLYMPUS 金票蕾丝线 18 号

（1 米，对折使用）

工具

12 号蕾丝针

钩织要点

将钩织线缠绕在芯线上开始钩织。

◄ 开始钩织

◄ 断线

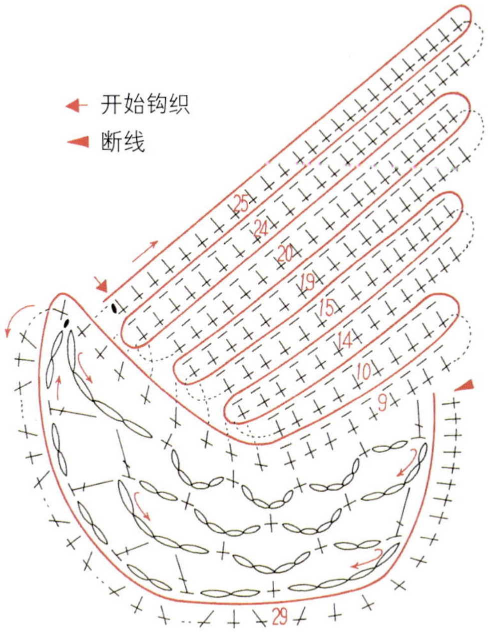

85 蝴蝶　第 54 页

材料

钩织线　OLYMPUS 金票蕾丝线 40 号

芯线　OLYMPUS 金票蕾丝线 18 号

（2 根 1 米，对折使用）

工具

12 号蕾丝针

钩织要点

两只翅膀均将钩织线缠绕在芯线上开始钩织。身体部分，从头部开始将钩织线绕在手指上成为环状进行钩织，接着继续钩织胸部、腹部，中间放入面巾纸理好形状，缝合后即完成。

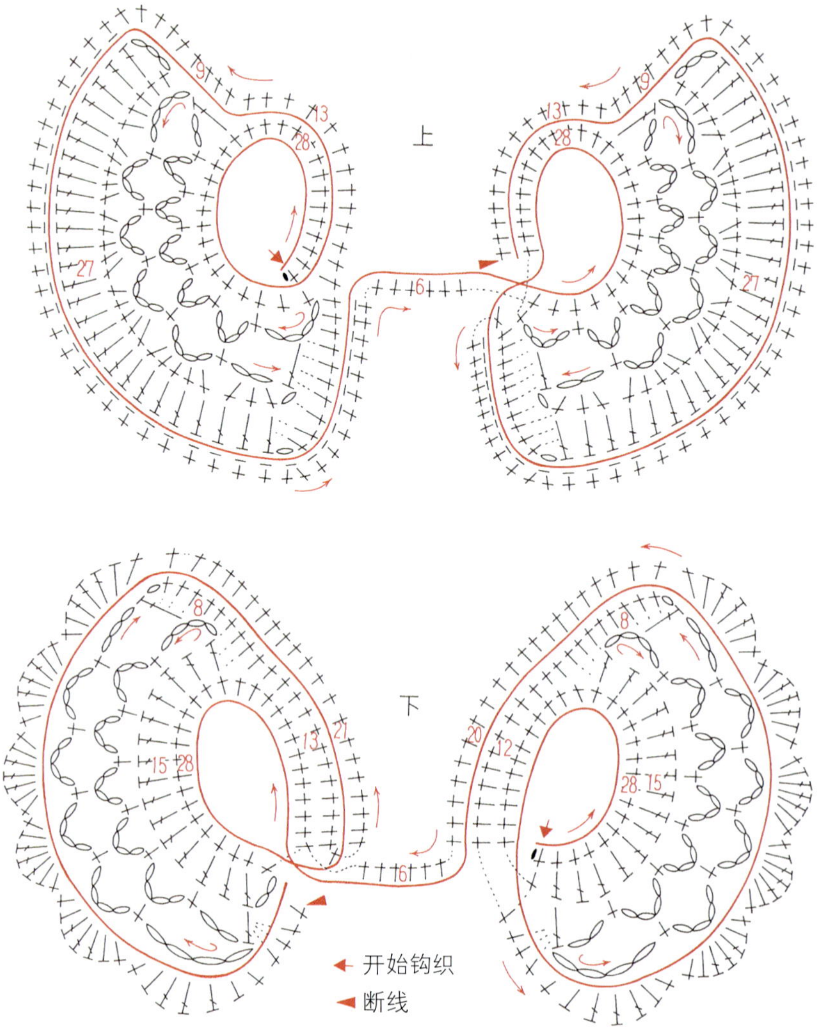

82 种子的花　第 51 页

材料

钩织线　OLYMPUS 金票蕾丝线 40 号

芯线　OLYMPUS 金票蕾丝线 18 号

（1.5 米，对折使用）

工具

12 号蕾丝针

钩织要点

中间以 6 针锁针起针并钩成环状，随后加入芯线进行钩织。

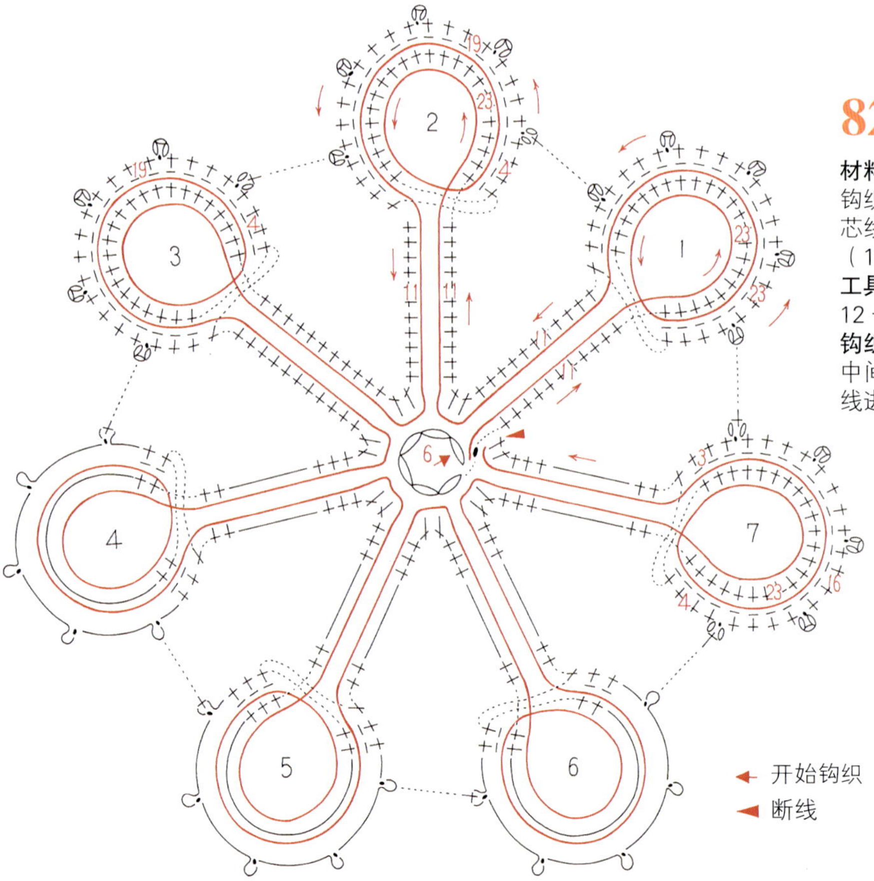

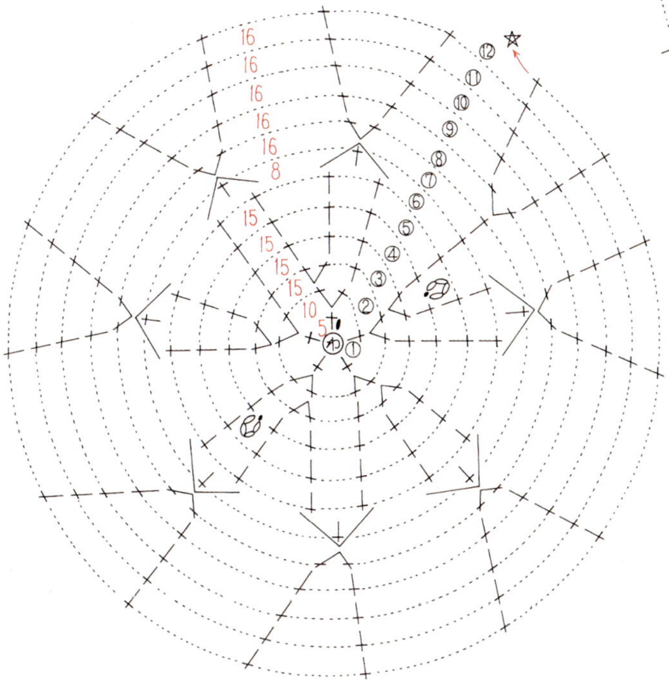

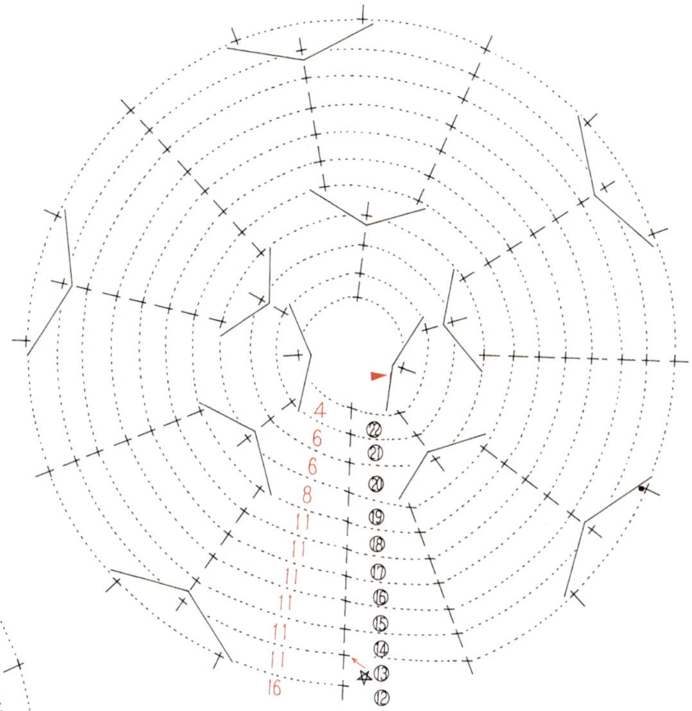

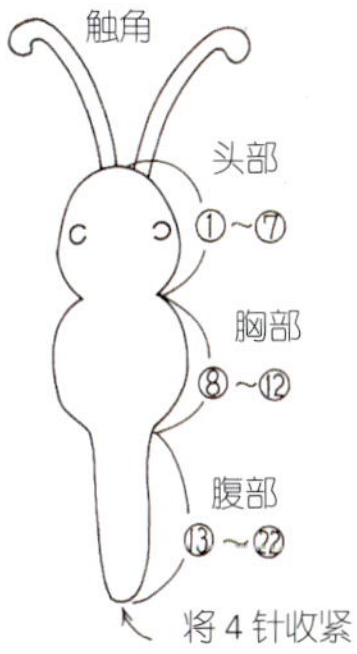

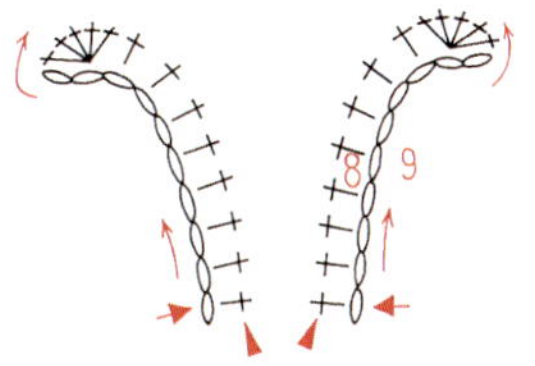

●使用锁针做环

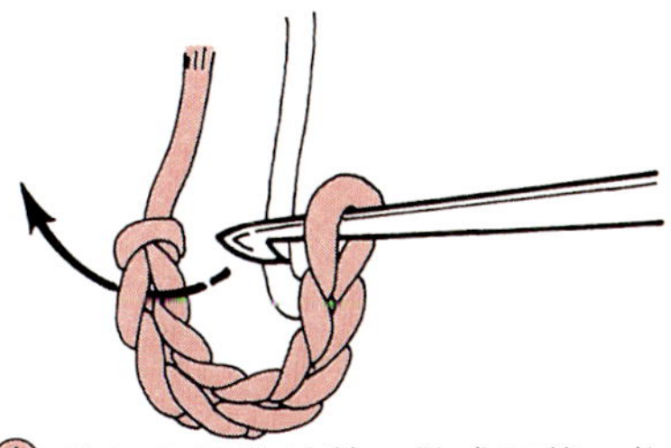

① 钩织必要的针数，做成环状，将钩针穿入第一针锁针的半针中。

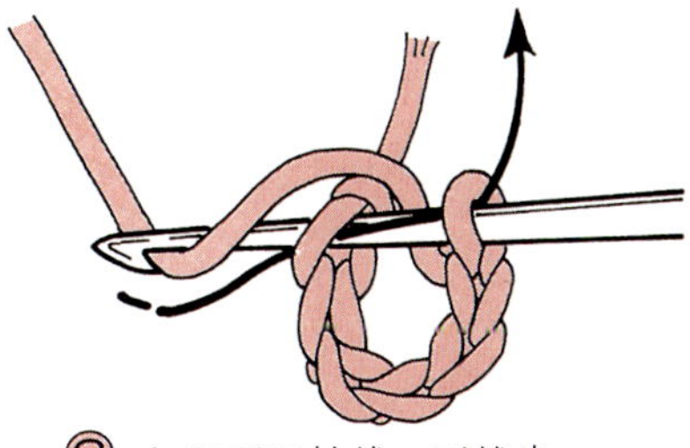

② 如图所示挂线，引拔出。

③ 钩织完成锁针的线圈。

●锁针的挑针方法

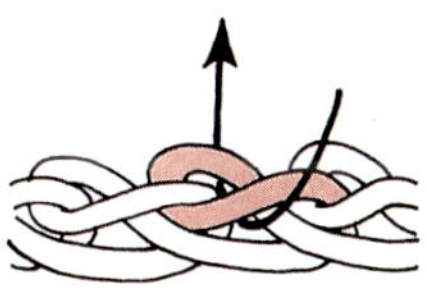

① 起针的挑针方法为，挑起前面的半针和内侧线。

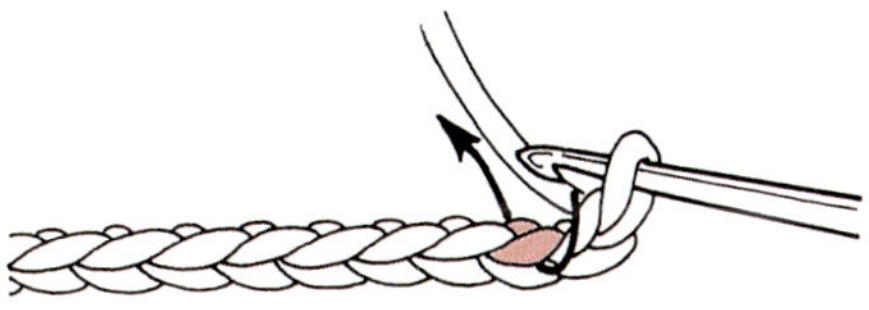

② 跳过边上的第一针，将钩针穿入下一针里。

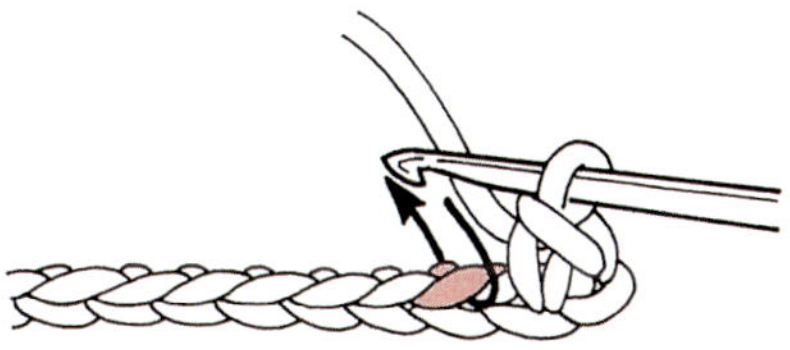

③ 在每一针上钩织一针短针。

109 大豆的叶子　第 72 页

材料

钩织线　DMC Cordonnet Special 蕾丝线 40 号

芯线　DMC Cordonnet Special 蕾丝线 10 号

（3 米，折四折使用）

工具

12 号蕾丝针

钩织要点

将钩织线缠绕在芯线上开始钩织。

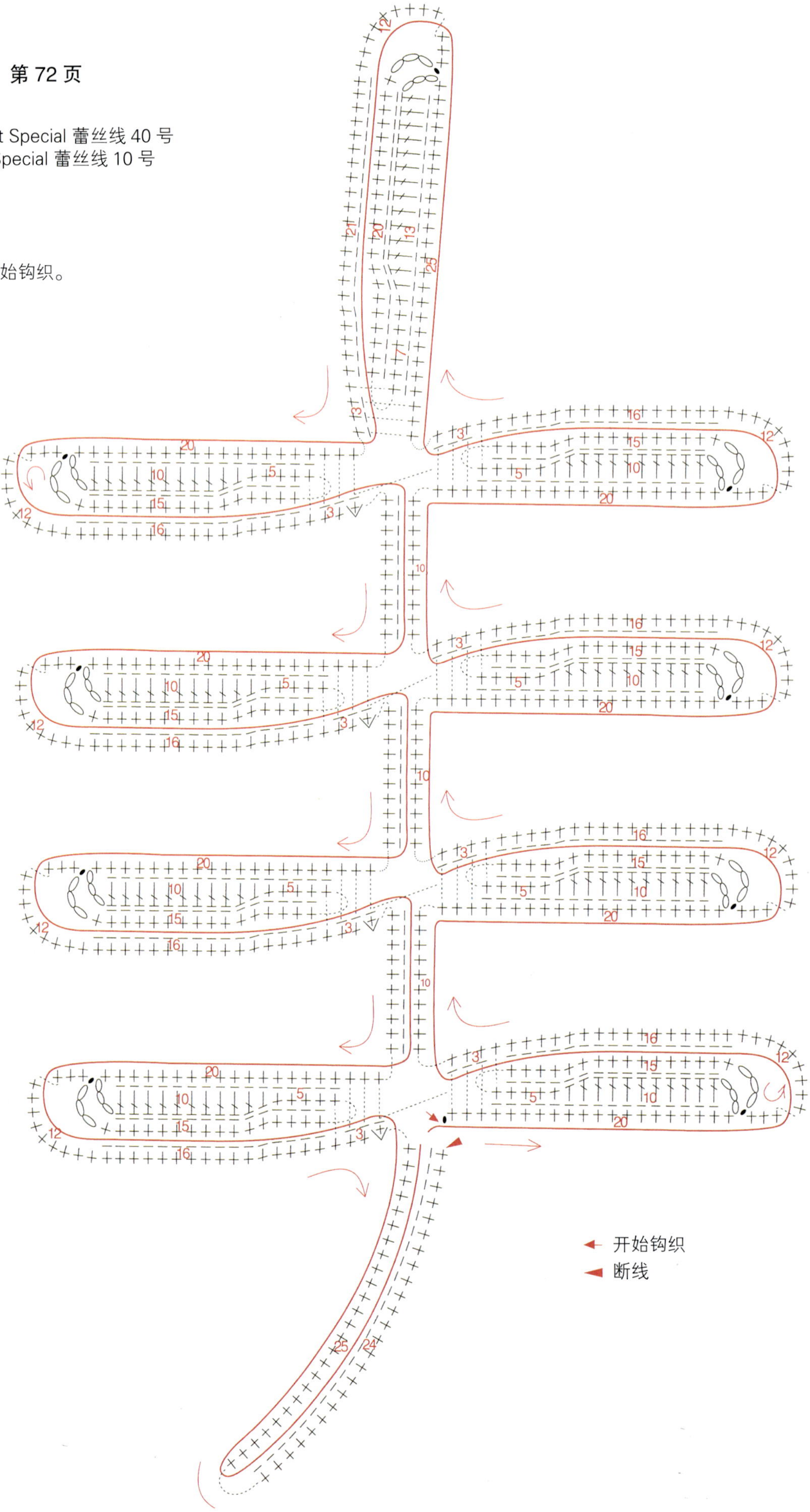

110 大豆的叶子　第 73 页

材料

钩织线　DMC Cordonnet Special 蕾丝线 40 号

芯线　DMC Cordonnet Special 蕾丝线 10 号

（叶子 1.5 米 2 片，中央的叶、茎 2.5 米 1 片，各折四折使用）

工具

12 号蕾丝针

钩织要点

两侧的叶子分别将钩织线缠绕在芯线上开始钩织。中间的叶子和茎也将钩织线缠绕在芯线上进行钩织。叶子第二行的反面是由第一行针下面包夹着芯线整段挑起从而进行钩织的。

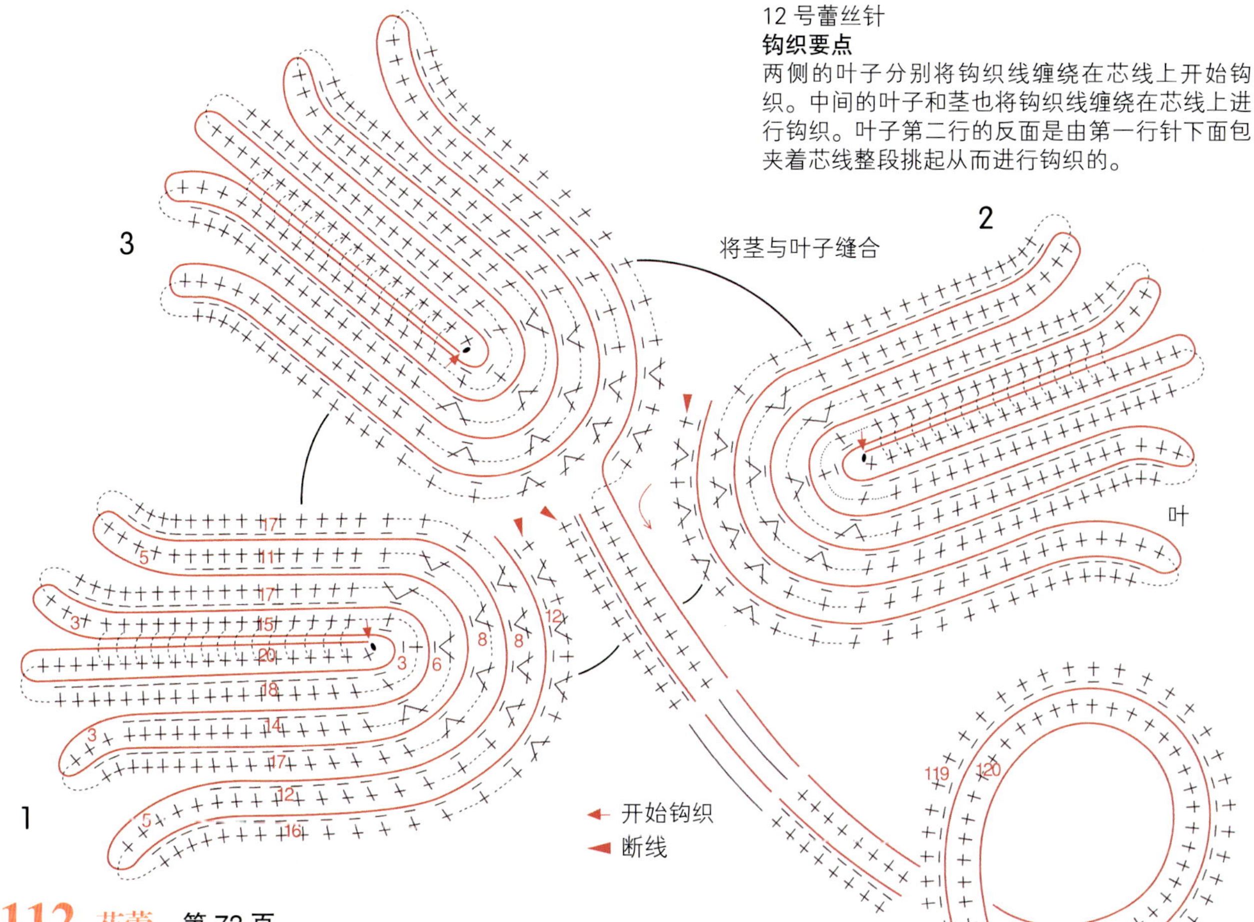

112 花蕾　第 73 页

材料

钩织线　DMC Cordonnet Special 蕾丝线 40 号

芯线　DMC Cordonnet Special 蕾丝线 10 号

（2 米，折四折使用）

工具

12 号蕾丝针

钩织要点

将钩织线缠绕在芯线上开始钩织。

瑞典颗粒编

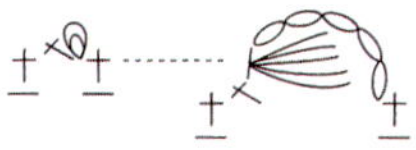

（5 针中长针织成的瑞典颗粒编）

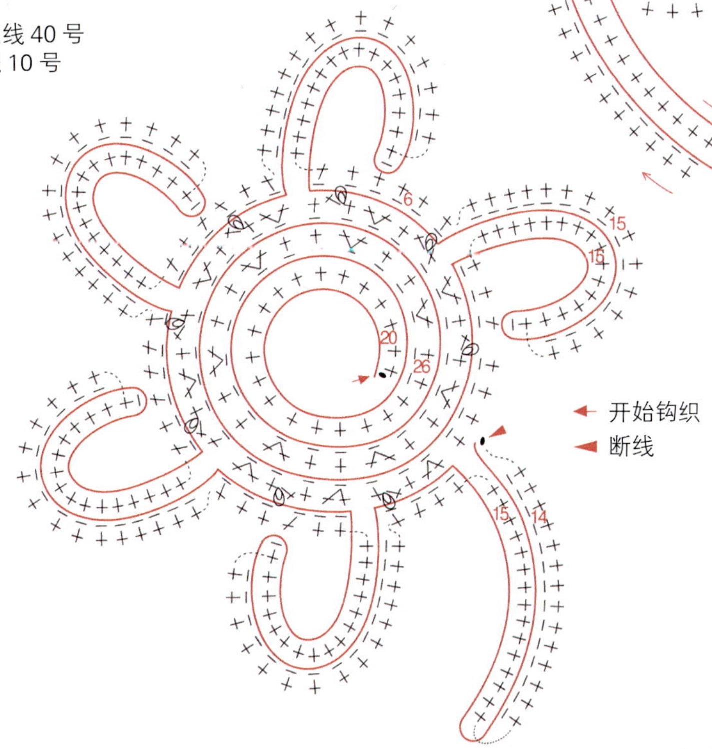

111 法式葡萄　第 73 页

材料
钩织线　DMC Cordonnet Special 蕾丝线 40 号
芯线　DMC Cordonnet Special 蕾丝线 10 号
（1 米，折四折使用）
工具
12 号蕾丝针
钩织要点
在和粗白板笔粗细一样的棒状物上缠绕钩织线 20 圈，做成环状，共做 7 个备用。做第 8 个时，无须剪断钩织线直接开始钩织。

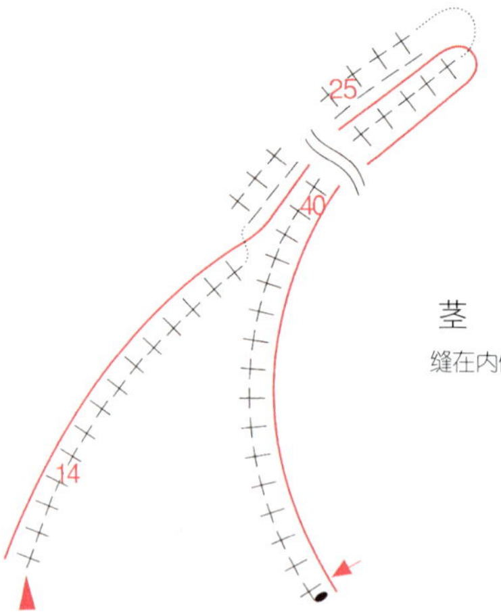

茎
缝在内侧

葡萄的连接方法

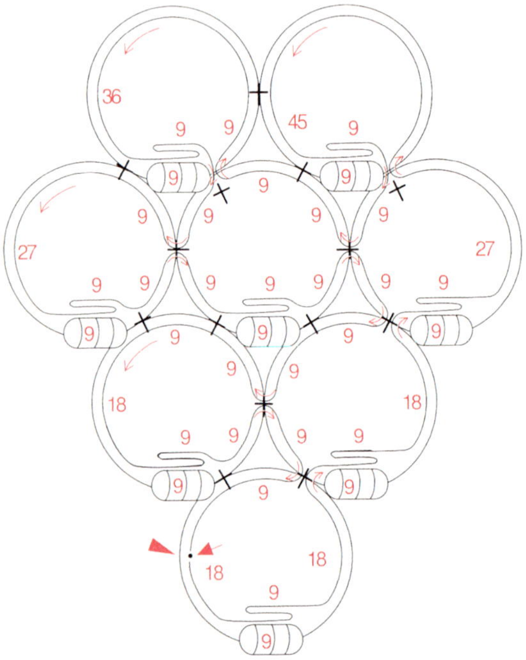

葡萄

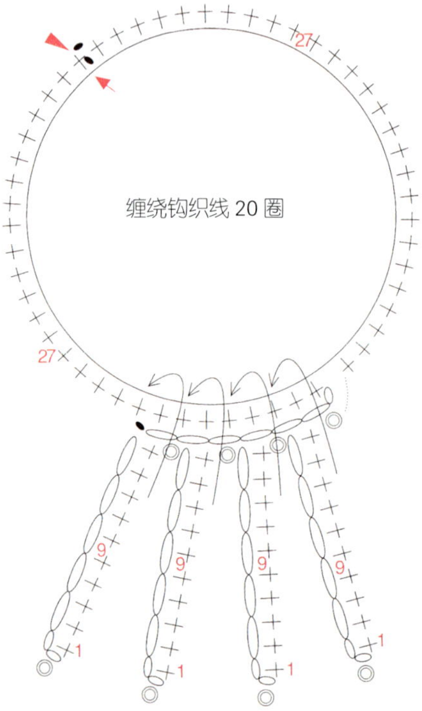

开始钩织
断线

●法式葡萄的钩织方法

① 在环上钩织 27 针短针。接着钩织 7 针锁针、在回数第 9 针短针处引拔。

② 再织 6 针锁针、1 针立针的锁针，在第 1 针短针上钩出 1 针锁针，将整段挑起钩织 9 针短针。

③ 将短针背面朝外卷，在第一针立针上做引拔针。

④ 重复步骤②、③4 次，将剩余圆环用短针钩完。

116 野玫瑰　第 77 页

材料

钩织线　DMC Cordonnet Special 蕾丝线 40 号

工具

12 号蕾丝针

钩织要点

将钩织线绕在手指上成为环状开始钩织。短拉针都是正拉针，但是每行最后一针为反拉针。

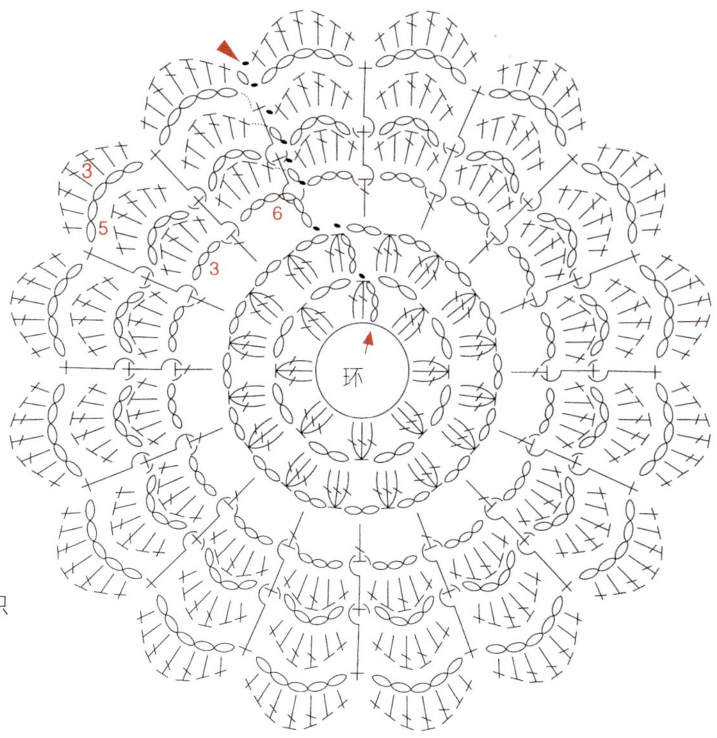

◄ 开始钩织

◄ 断线

117 玫瑰花样　第 77 页

材料

钩织线　DMC Cordonnet Special 蕾丝线 40 号

工具

12 号蕾丝针

钩织要点

将钩织线绕在手指上成为环状开始钩织。网眼花样上没有织立针，一圈一圈连续钩织。

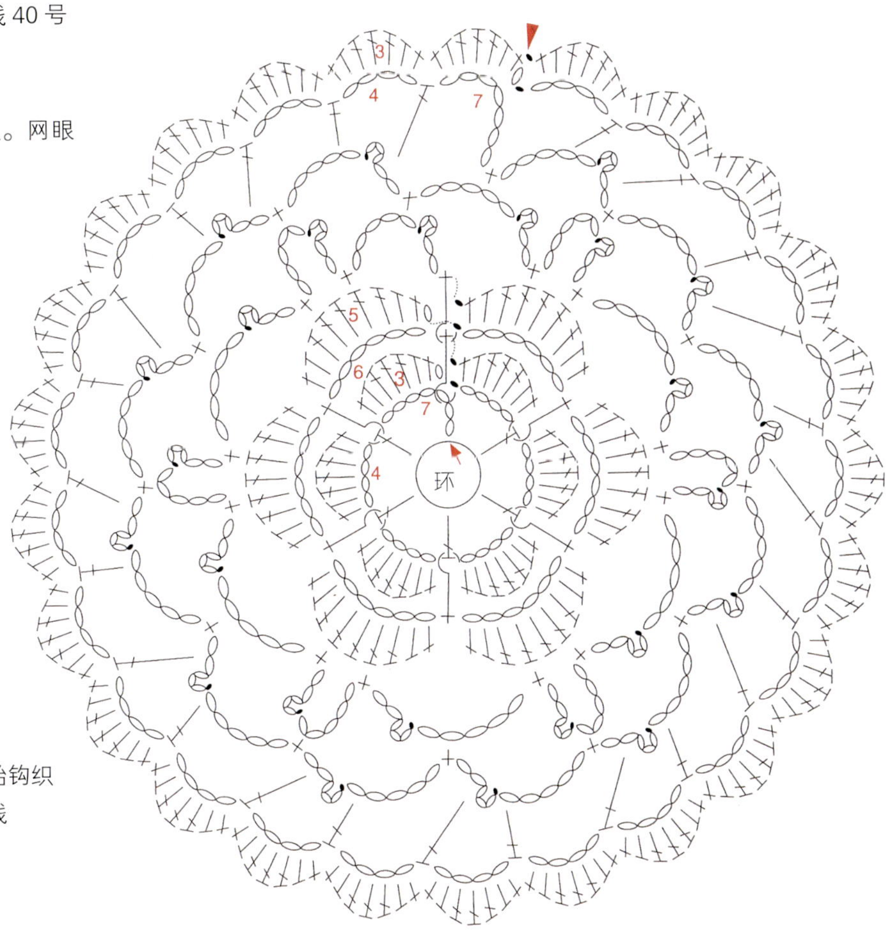

◄ 开始钩织

◄ 断线

121 水芹花 第81页

材料

钩织线 DMC Cordonnet Special 蕾丝线 40 号
芯线 DMC Cordonnet Special 蕾丝线 10 号
（3.5 米，折四折使用）

工具

12 号蕾丝针

钩织要点

将钩织线绕在手指上成为环状开始钩织，在钩织花瓣时加入芯线进行钩织。

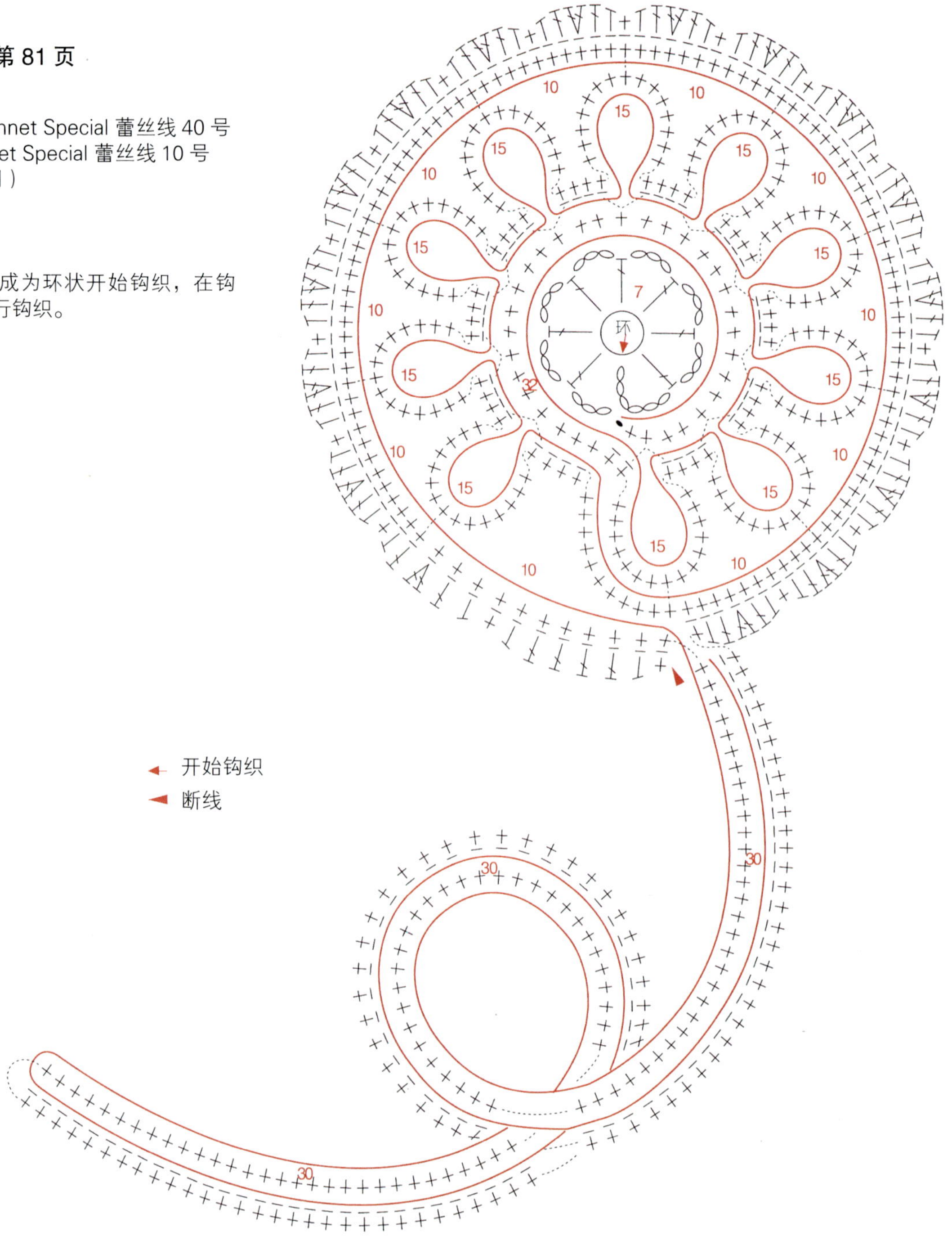

122 钻石 第81页

材料

钩织线 DMC Cordonnet Special 蕾丝线 40 号
芯线 DMC Cordonnet Special 蕾丝线 10 号
（3.5 米，折四折使用）

工具

12 号蕾丝针

钩织要点

将钩织线缠绕在芯线上开始钩织。

123 钻石　第 81 页

材料

钩织线　DMC Cordonnet Special 蕾丝线 40 号

芯线　DMC Cordonnet Special 蕾丝线 10 号

（3 米，折四折使用）

工具

12 号蕾丝针

钩织要点

将钩织线缠绕在芯线上开始钩织。外侧花瓣的短针是将前一行的锁针整段挑起而进行钩织的。

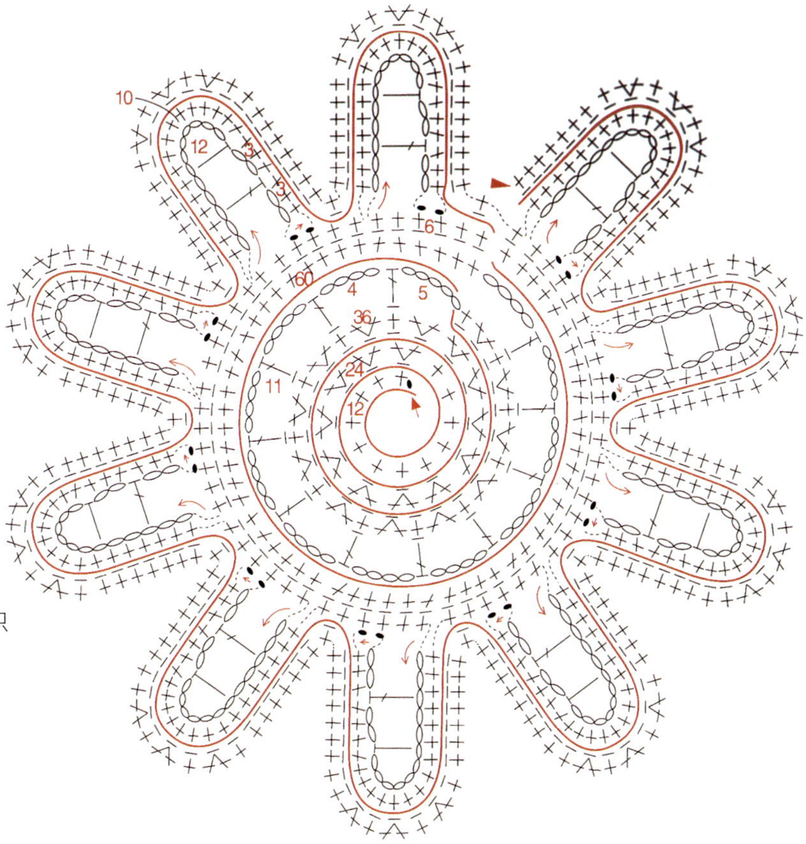

◄ 开始钩织

◄ 断线

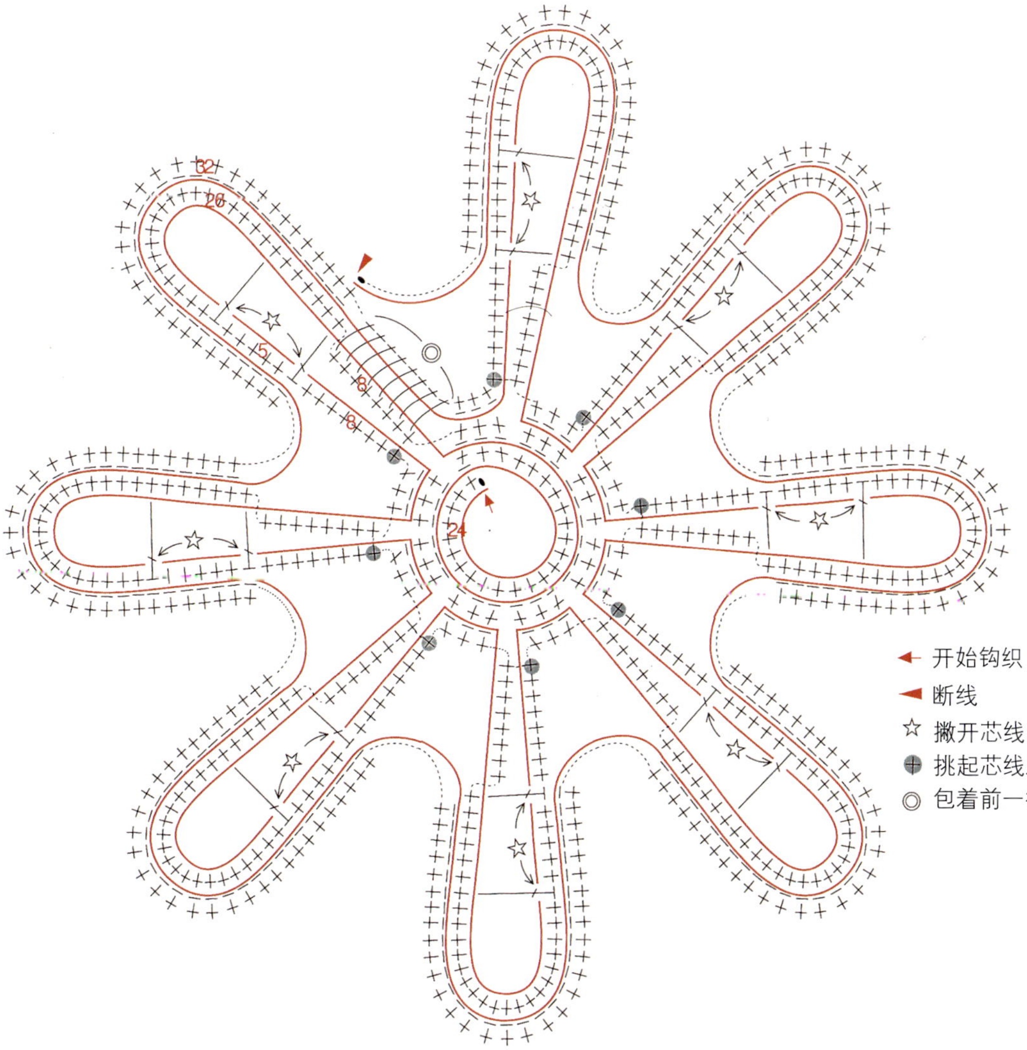

◄ 开始钩织

◄ 断线

☆ 撇开芯线，钩织长针

⊕ 挑起芯线及前一行的短针

◎ 包着前一行的短针钩织

126 叶子 第 84 页

材料

钩织线 DMC Cordonnet Special 蕾丝线 40 号
芯线 DMC Cordonnet Special 蕾丝线 10 号
（大的 1.5 米，小的 1 米，折四折使用）

工具

12 号蕾丝针

钩织要点

将钩织线缠绕在芯线上开始钩织。第 2~9 行撇开芯线进行菱形针钩织，在第 10 行再次加入芯线钩织。

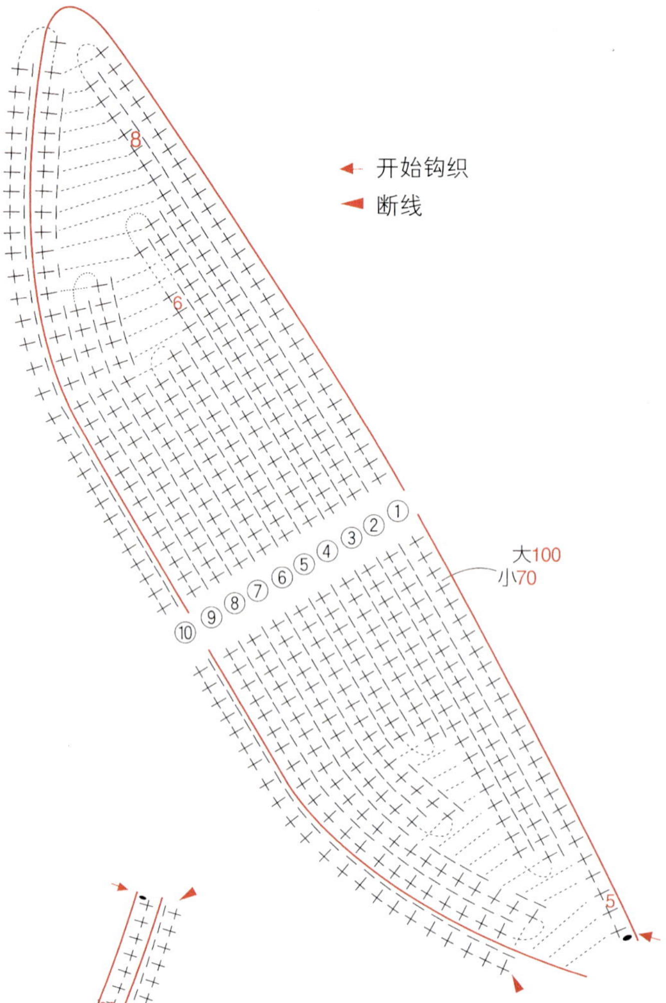

开始钩织
断线

茎和叶子 A

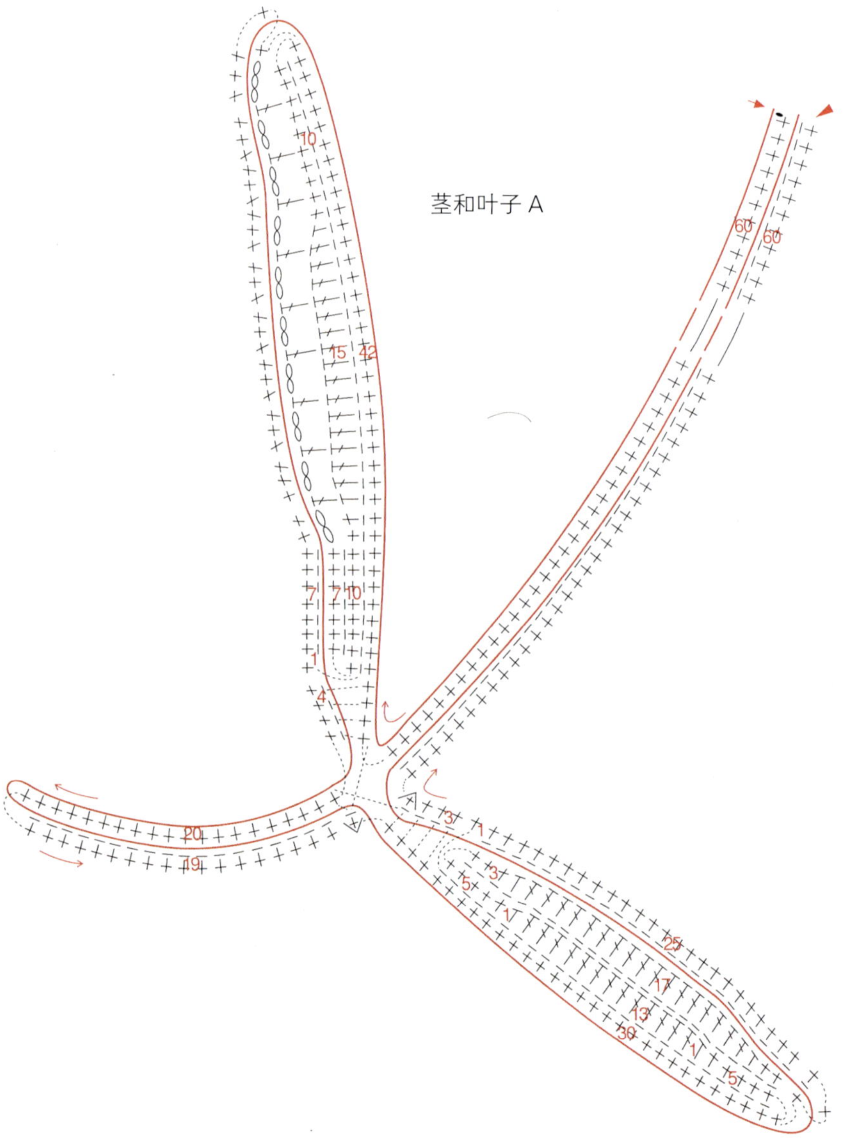

127 虞美人花的叶子　第 85 页

材料

钩织线　DMC Cordonnet Special 蕾丝线 40 号

芯线　DMC Cordonnet Special 蕾丝线 10 号

（茎和叶子 A、茎和叶子 B 各 2 米，折四折使用）

工具

12 号蕾丝针

钩织要点

花与叶子分别钩织。花将钩织线绕在手指上成为环状开始钩织，每行钩织 3 针立针的锁针。花 A 钩织到第 5 行、花 B 钩织到第 4 行，每一行均使用同样的方法。

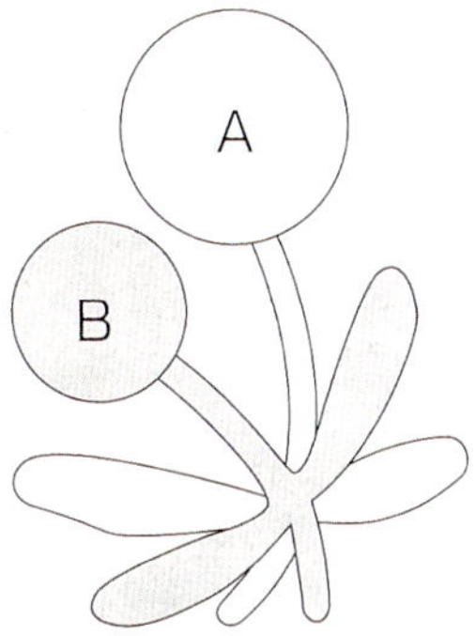

花A

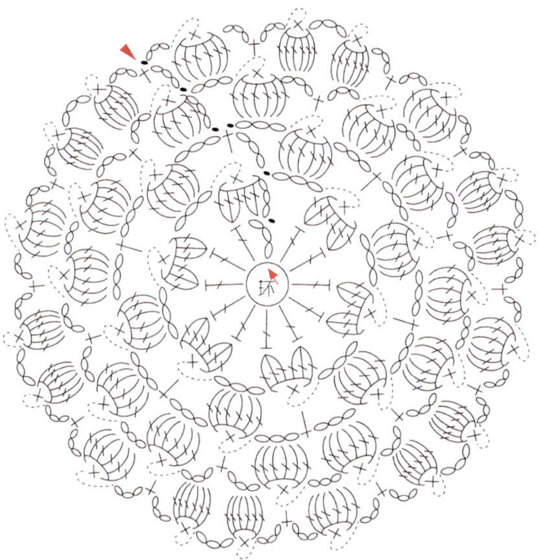

花B

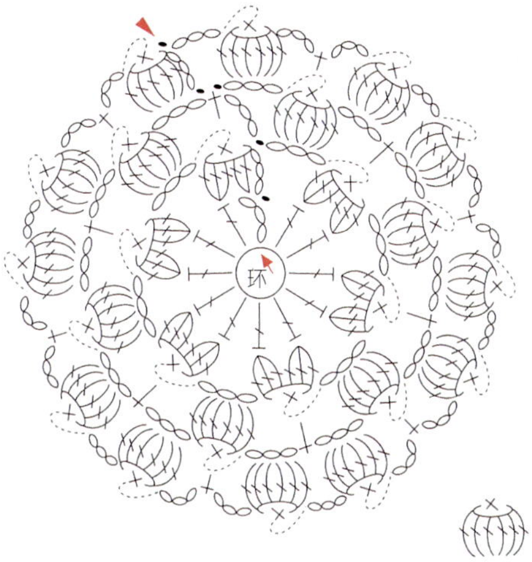

 = 钩织 6 针长针，翻回反面，将所有长针的针目整段挑起，钩织 1 针短针

茎和叶子 B

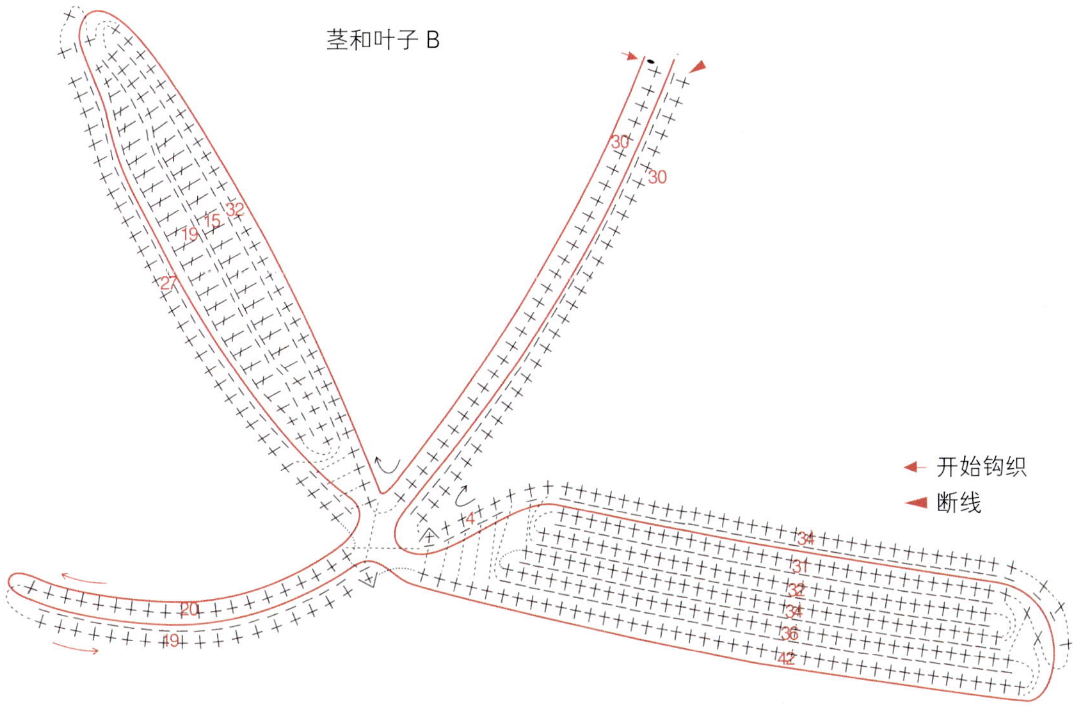

◀ 开始钩织

◀ 断线

图书在版编目（CIP）数据

爱尔兰蕾丝钩织花样128 /（日）志村富美子著；冯莹译.—郑州：河南科学技术出版社，2013.10（2023.12重印）
ISBN 978-7-5349-6483-1

Ⅰ.①爱…　Ⅱ.①志…　②冯…　Ⅲ.①钩针－编织－图解　Ⅳ.①TS935.521-64

中国版本图书馆 CIP 数据核字 (2013) 第 180040 号

出版发行：河南科学技术出版社
地址：郑州市郑东新区祥盛街 27 号　　邮编：450016
电话：（0371）65737028　　65788613
网址：www.hnstp.cn
策划编辑：刘　欣
责任编辑：刘　瑞
责任校对：梁莹莹
封面设计：陈奕瑾
责任印制：张艳芳
印　　刷：郑州新海岸电脑彩色制印有限公司
经　　销：全国新华书店
开　　本：889 mm × 1 194 mm　1/16　印张：7.5　字数：170 千字
版　　次：2013 年 10 月第 1 版　2023 年 12 月第 5 次印刷
定　　价：58.00 元

如发现印、装质量问题，影响阅读，请与出版社联系并调换。